Salvador E. Luria
Leben – das unvollendete Experiment

Au fond l'Inconnu pour trouver du nouveau
Charles Baudelaire ›Le Voyage‹

(Zur Tiefe des Unbekannten, Neues zu erfahren
Übersetzung von Friedhelm Kemp)

Salvador E. Luria

Leben –
das unvollendete
Experiment

R. Piper & Co. Verlag
München   Zürich

Aus dem Amerikanischen von Friedrich Griese

ISBN 3-492-02063-1
Die amerikanische Originalausgabe erschien 1973
unter dem Titel »Life – The Unfinished Experiment«
by Charles Scribner's Sons, New York
© 1973 Salvador E. Luria
Deutsche Übersetzung: © 1974 by R. Piper & Co. Verlag, München
Gesamtherstellung Clausen & Bosse, Leck/Schleswig
Printed in Germany

Für Zella,
eine einzigartige Lebensgefährtin

Inhalt

Einführung

Dieses Buch verdankt seine Entstehung dem Vorschlag von
Theodosius Dobzhansky, wir sollten zusammen eine Reihe von
Büchern zu dem Thema ›Das Leben und der Mensch‹ verfassen. Wir hatten dabei die Vorstellung, den intelligenten Laien
mit den Grundbegriffen einer Wissenschaft vertraut zu machen,
die so rasche Fortschritte macht, daß ihre Ergebnisse für die
menschliche Gesellschaft immer größere Bedeutung erlangen.
Da der Vorschlag von einem großen Genetiker ausging, der zugleich ein ausgezeichneter Schriftsteller ist, nahm ich ihn an.
Ich hatte gerade die beiden ersten Kapitel entworfen, als ›Zufall und Notwendigkeit‹ von meinem Freund Jacques Monod
erschien – ein Buch, das einigermaßen überraschend über
Nacht zu einem Bestseller in Frankreich und Deutschland und
beinahe zu einem Bestseller in den Vereinigten Staaten wurde.
Ich sage überraschend, weil ›Zufall und Notwendigkeit‹
zwar ein bedeutendes Buch, aber nicht leicht zu lesen ist. Es
behandelt in einer philosophisch anregenden Betrachtungsweise das zentrale Problem der Biologie – Natur und Funktion
des Erbmaterials und dessen Beziehung zur Evolution –, macht
aber kaum eine Konzession an den Nichtwissenschaftler. Ich
fragte mich, ob ein Buch über das Leben, wie ich es mir vor-

9

genommen hatte, noch nötig sei, wenn die Menschen in der Lage waren, die in jenem Buch kondensierte Wissenschaft zu erfassen.

Nachforschungen in den Vereinigten Staaten wie in Frankreich brachten mich zu der Überzeugung, daß es sich in Wirklichkeit anders verhielt: Die meisten Menschen, die das Buch von Monod gekauft hatten, hatten es nicht wirklich gelesen – zumindest nicht die technischen, biochemischen Teile des Buches. Den Standpunkt, den Monod in den philosophischen Kapiteln dargelegt hatte, hatten sie mit Vehemenz bejaht oder verworfen, und dementsprechend hatten sie das Buch am Kaffeetisch in den Vordergrund gerückt bzw. der Quasi-Vergessenheit des Bücherregals überlassen.

Das vorliegende Buch – Dobzhansky konnte bisher leider nicht das ergänzende Buch über die organismischen Aspekte des Lebens vorlegen – hätte den Lesern von ›Zufall und Notwendigkeit‹ die Aufgabe erleichtert. Es versucht, von den molekularen Mechanismen, von der sogenannten Molekularbiologie her die Tatsachen der modernen Biologie einfach und übersichtlich darzustellen und befaßt sich mit dem Aufbau des Lebens vom Gen über die Zelle und den komplexen Organismus bis zur Art. Die Ergebnisse der Molekularbiologie ermöglichen dem Menschen ein Verständnis des historischen Lebensprozesses, von dem er ein Teil ist, des Funktionierens seines eigenen Körpers, seiner Gesellschaft und der lebendigen Umwelt, mit der er sich ständig auseinandersetzen muß. Sie werden ihm schließlich sogar das Geheimnis enthüllen, wie der menschliche Geist funktioniert.

Es läßt sich nicht vermeiden, daß dieses Buch häufig von der bemerkenswerten Art *Homo sapiens* spricht. Die Evolution hat bei dieser – wie bei den meisten anderen Arten – zur sexuellen Fortpflanzung geführt, die mit dem Sexualdimorphismus gekoppelt ist. Da ich selbst in der verhältnismäßig trivialen Frage des Wortgebrauchs auf das berechtigte Bemühen um Gleichbehandlung der Geschlechter Rücksicht nehmen wollte, habe ich versucht, wenn es um die gesamte menschliche Art ging, die Wörter »man« (»Mann«, aber auch »Mensch«, A. d. Ü.) und »his« (»sein«, A. d. Ü.) zu meiden, doch bin ich auf der Suche nach Alternativen nur bei schwerfälligen Ausdrükken gelandet. Es bleibt also – nach der beklagenswerten, auf das männliche Geschlecht bezogenen Überlieferung der englischen Sprache, die beinahe unüberwindlich zu sein scheint – bei »man«. Das Wort »man« steht für die ganze Art, also eine annähernd gleiche Anzahl von Frauen und Männern. Das Begreifen der biologischen Tatsachen und die Erkenntnis, wie stark alle Angehörigen einer Art biologisch von einander abhängig sind, wird vielleicht dazu beitragen, daß man die gesellschaftliche Gleichstellung der beiden Geschlechter und aller sonstigen Gruppen innerhalb der menschlichen Art als berechtigt anerkennt.

Was die Wissenschaft bisher, so unvollständig es auch sei, von den molekularen Mechanismen des Lebens erfaßt hat, ist eine bemerkenswerte geistige Leistung, die sich in einer hinreichend kohärenten Reihe von Hypothesen und Erklärungen äußert. Als eine Quelle der Erkenntnis wie auch als Quelle von Gefahren ist dieses Wissen im übrigen äußerst relevant für eine Reihe von Problemen, die dem modernen Menschen bereits zu schaffen machen oder ihn in Zukunft wahrscheinlich bedrängen werden – von der Möglichkeit, das eigene Erbgut zu manipulieren und das Bevölkerungswachstum zu kontrollieren, bis hin zu der Notwendigkeit, daß er tatsächlich lernt, seine Umwelt ins Gleichgewicht zu bringen.

Wissenschaftlich gesehen hat das Leben zwei Aspekte – einen aktiven und einen zeitlichen Aspekt. Der aktive Aspekt umfaßt das Funktionieren der lebendigen Organismen, das molekulare und atomare Geschehen, das durch das Leben hervorgebracht wird; er ist Gegenstand der Biochemie. Der zeitliche Aspekt umfaßt die Fortexistenz, das Verschwinden und das Ersetzen von Organismen durch den Tod von einzelnen Individuen wie auch durch die Erzeugung und unterschiedliche Vermehrung von neuen Arten – mit einem Wort: die Evolution. Dank dieser beiden Aspekte – des biochemischen und des Evolutionsaspekts – ist das Leben ein einzigartiges Phänomen in der Geschichte der Erde, ein Phänomen, das lange vor dem Erscheinen des Menschen tiefe Spuren in dem Erscheinungsbild, dem Klima und der ganzen Struktur des Planeten Erde hinterlassen hatte.

Das Leben unterscheidet sich von allen anderen Naturerscheinungen durch ein Merkmal: Es besitzt ein Programm. Alle übrigen Naturphänomene treten mehr oder weniger zufällig auf: die Bewegung der Wolken in den wechselnden Windströmungen, der Zerfall radioaktiver Atome oder auch der Zusammenstoß von Molekülen in einer erhitzten Flüssigkeit. Wenn physikalische Phänomene eine durchgehende Tendenz aufweisen, dann ist es im allgemeinen eine Tendenz zu größerer Unordnung – entsprechend dem physikalischen Gesetz, daß eine Tendenz zu einem Minimum an molekularer Ordnung besteht. In Fällen, wo die Ordnung zuzunehmen scheint, etwa bei der Kristallisation von Substanzen aus Lösungen, handelt es sich um eine repetetive, monotone, unschöpferische Ordnung. Nicht-biologische Phänomene sind dadurch gekennzeichnet, daß in ihnen das statistische Verhalten einer großen Anzahl von Teileinheiten, nicht aber die unwiederholbare Leistung eines einzelnen Objekts oder einer einzelnen Struktur zum Ausdruck kommt.

Nur im Lebendigen tritt Individualität auf. Wenn ein Keim

auf wunderbare Weise zu einem Organismus heranwächst, wenn eine Art aufblüht, bis sie einen bestimmten Umweltrahmen ausfüllt, wenn im Laufe der Evolution bestimmte Arten durch andere Arten schöpferisch ersetzt werden – dann entfaltet sich das Programm des Lebens, das in einer einzigartigen Substanz niedergelegt ist, der Substanz der Gene. Dieses materielle Substrat des Lebens bildet eine Ausnahme – nicht von den Gesetzen der Physik und Chemie, aber von dem durchschnittlichen Typus der Moleküle. Es stellt eine Substanz dar, deren Aufbau ihr sowohl Stabilität als auch eine beinahe unendliche Vielfalt individueller Ausprägungen sichert. Sie läßt sich mit einer Genauigkeit kopieren, die bei keiner anderen bekannten Molekülart erreicht wird. Zugleich ist diese Programmsubstanz jedoch wandlungsfähig, ihre Veränderung ist die Grundlage der biologischen Evolution.

Das Programm des Lebens, wie es in der Substanz der Gene verkörpert ist und in den Formen und der Evolution der Organismen zum Ausdruck kommt, entspricht nicht den Programmen, die die Menschen ihren Unternehmungen – seien es nun Kunstwerke oder gesellschaftliche Vorhaben – bewußt zugrunde legen. Es ist nicht ein Projekt für die Zukunft; es ist ein Vorrat, aus dem sich das gegenwärtig Bestehende speist, ein Bestand an Möglichkeiten, die in der Substanz der Gene verankert sind. Wie der französische Genetiker François Jacob in seinem Buch ›La Logique du Vivant‹ (1970; deutsch: ›Die Logik des Lebenden‹, 1972) festgestellt hat, »wird im Individuum ein Programm verwirklicht, das im Erbmaterial festgelegt ist«. Für den Einzelorganismus besteht das Programm in dem ihm angeborenen Plan, der seine Entwicklung und seine Lebensfunktionen bestimmt, natürlich unter Einbeziehung äußerer Einflüsse. Für eine Art besteht das Programm in dem gesamten Umfang der genetischen Typen, die in ihr vorkommen, und von seiner Vielfalt hängt es ab, ob diese Art in einer gegebenen Umwelt überleben, sich entfalten oder aussterben wird.

Das Leitmotiv dieses Buches ist jener Dualismus, der darin besteht, daß auf der einen Seite das Programm des Lebens materieller Natur, auf der anderen Seite die biologische Evolution geschichtlicher Natur ist. Das Leben entwickelte sich, erreichte seinen gegenwärtigen Zustand und wird sich weiter entwickeln dank dem schöpferischen Wechselspiel zwischen den chemischen Wirkungen des genetischen Materials und den geschichtlichen Wirkungen der Naturkräfte, die heute die eine, morgen die andere Art begünstigen und jede biochemische Erfindung fördern, die für eine gesteigerte Lebensfähigkeit sorgt. Gehirn und Geist des Menschen sind ebenso erregende und geheimnisvolle biochemische Erfindungen wie die nicht minder erstaunliche soziale Organisation bestimmter Insekten. Für den Wissenschaftler besteht die Einzigartigkeit des Menschen ganz allein in seiner biologischen Einzigartigkeit und nicht etwa darin, daß dem Ergebnis der biologischen Evolution etwas Nichtbiologisches – eine Seele oder ein geistiges Wesen - übergestülpt wäre. Wie diese äußerst komplexen Phänomene zustande kommen, entzieht sich noch der Erkenntnis der Biologen, doch glauben sie, daß das nicht immer so bleiben wird.

Die wissenschaftliche Erforschung der Vererbung ist noch keine hundert, die moderne Biochemie noch keine fünfzig, die Molekularbiologie kaum zwanzig Jahre alt, und sie haben erstaunlich rasche Fortschritte gemacht. Blickt man auf die Jahrtausende der Unwissenheit zurück und auf die noch einzubringenden Erkenntnisse voraus, dann darf man stolz, muß man aber auch demütig sein. In dem Maße, wie der Mensch das Leben und sich selbst zu verstehen lernt, scheint er die Weissagung der Genesis zu erfüllen, in der es heißt: »Ihr werdet sein wie Gott und wissen, was gut und böse ist.«

Das Wissen des Menschen über sich selbst ist jedoch noch immer unzulänglich und getrübt durch Legende und Aberglauben, durch die naiven, aber unvermeidlichen Bemühungen seiner Vorfahren, auf intuitivem statt auf verstandesmäßigem Wege zu Erkenntnis zu gelangen. Mittlerweile hat sich der Gang der Ereignisse beschleunigt. Vielleicht wird der Mensch schon bald vor der Notwendigkeit stehen, zumindest über einige Aspekte seiner biologischen Zukunft Entscheidungen zu treffen, und er wird erkennen, daß die überkommenen Intuitionen nicht ausreichen und daß die wissenschaftliche Erkenntnis, so bruchstückhaft sie auch sei, das einzige wirklich verläßliche Werkzeug ist, das ihm zur Verfügung steht. Zu den Motiven, die mich veranlaßt haben, dieses Buch zu verfassen, gehört die Auffassung, daß ein Wissenschaftler verpflichtet ist, die Allgemeinheit über den Stand seiner Erkenntnisse zu unterrichten – besonders, wenn diese Erkenntnisse für das Wohl der Menschheit bedeutsam werden.

1 Evolution

In Neuengland wird man wohl in fast jedem Dorf auf einen Antiquitätenladen stoßen. Wenn der Laden gut geführt ist, wird man dort Dinge finden, die eine Vergangenheit besitzen – eine sehr kurze Vergangenheit, vergleicht man sie mit der von Angkor Wat, Stonehenge oder den Skulpturen in der Assyrischen Abteilung des Britischen Museums. Für den gebildeten Menschen besitzt jedoch alles Vergangene eine Anziehungskraft, der man sich ebenso schwer entziehen kann, wie sie schwer zu erklären ist. Ungeachtet seiner Schönheit besitzt ein Gegenstand Bedeutung, weil er alt ist, weil er überlebt hat, um einen handgreiflichen Beweis dafür zu liefern, daß die Vergangenheit etwas Reales und Dauerhaftes gewesen ist.

Noch größerer Wert wird einer Antiquität zugeschrieben, wenn sie selten oder gar einmalig ist. Dinge aus der Vergangenheit gehen zum größten Teil unter; die wenigen, die übrigbleiben, werden zum Beweismaterial der Archäologie oder der Geschichtswissenschaft. Anhand dieser Gegenstände können sich die Menschen heute ein Bild vom Leben, von den Gebräuchen und Empfindungen ihrer Vorfahren machen. Das Betrachten und Betasten der Artefakte aus einer anderen Zeit – sei es ein Familiensouvenir, ein zweihundert Jahre altes Möbelstück, ein irdener Topf aus Etrurien oder eine mexikanische Pfeilspitze aus Obsidian – ruft im Menschen eine verborgene Resonanz an persönliche Erfahrungen wach. Von der geschichtlichen Vergangenheit sind bei den Männern und Frauen unserer Gegenwart Spuren zurückgeblieben – Spuren in ihrem Denken und Empfinden wie in ihrem Körper. Sie werden sich auf diese Weise bewußt, daß sie Teil eines Kontinuums sind, das sich zurück in die Vorzeit und vorwärts in die Zukunft erstreckt, eines Kontinuums, von dem die heute Lebenden sozusagen den Querschnitt zum gegenwärtigen Zeitpunkt darstellen.

Genau wie die Artefakte, die die Vergangenheit überdauern und zu Antiquitäten werden, stellen die Menschen und die übrigen heute lebenden Organismen eine besondere Auswahl aus einer sehr großen Reihe von Möglichkeiten dar. Man wird das Leben und die Evolution, die das Hauptmerkmal des Lebens ist, besser verstehen, wenn man sich die Geschichte nicht als abgeschlossenes Zeugnis vergangener Ereignisse denkt, sondern als das unvollständige Zeugnis der Vielzahl möglicher Ereignisse, die hätten eintreten können. Darin liegt der Hauptunterschied zwischen der klassischen akademischen Geschichtswissenschaft und der Arbeit moderner Historiker, die der Frage nachgehen, warum bestimmte Ereignisse eingetreten sind und andere nicht oder welche ökonomischen Kräfte, welche Persönlichkeiten und welche Zufälle die Geschichte der Menschen in ihrem einmaligen Ablauf bestimmten, und aus der Unzahl möglicher Ereignisse jene einmalige Abfolge von Ereignissen auswählten, die dann tatsächlich eingetreten sind.

Will man das Leben als einen historischen Prozeß verstehen lernen, dann ist es von noch größerer Bedeutung, daß man einen anderen Aspekt derartiger Prozesse begreift: ihren irreversiblen Charakter. Jede Gegenwart, jeder zeitliche Querschnitt durch die Geschichte ist das unwiederholbare Resultat der Ereignisse, die in der Vergangenheit tatsächlich stattgefunden haben, und zugleich die Ausgangsbedingung jeder weiteren Zukunft. Gelegenheiten, die ungenutzt geblieben sind, werden sich vielleicht noch einmal bieten, dann jedoch in einem anderen Zusammenhang, unter veränderten Umständen, für eine neue Generation, deren Leben und deren Kultur das Ergebnis von Erfahrungen sein werden, die tatsächlich gemacht worden sind und der Gegenwart wie der Zukunft ihren Stempel aufgedrückt haben.

Das Leben ist – wie die menschliche Geschichte – ein historischer Prozeß. Die heute lebenden Organismen sind nur der unvollständige Beleg von Möglichkeiten, die in der Vergangenheit existiert haben. Die kleinsten Bakterien und die niedrigsten Würmer und Schnecken, Algen und Moose sind wie die stolzesten Bäume, die prächtigsten Vögel und die Milliarden von Menschen nur eine winzige Auswahl aus der Gesamtheit jener Lebewesen, die es vielleicht hätte geben können. Manche Menschen empfinden oftmals eine merkwürdige Sehnsucht nach dem, was hätte sein können, nach vergangenen Gelegenheiten, die entweder verpaßt wurden oder nie erreichbar waren, und häufiger noch sehnen sie sich nach Dingen, die möglich geworden wären, wenn, ja wenn ...

Wer denkt aber jemals daran, daß schon sein bloßes Dasein eine bemerkenswerte Tatsache ist? Die Existenz jedes einzelnen Menschen bedeutet die Verwirklichung einer Chance, die eine äußerst geringe Wahrscheinlichkeit besaß, ja sogar einer ganzen Reihe von unwahrscheinlichen Chancen, die bis zu dem einmaligen Ereignis zurückreichen, daß vor über drei Milliarden Jahren das Leben auf der Erde mit seinem von vielen Zufällen bedingten Entwicklungsgang begann.

Bei einigen Gruppen orthodoxer Juden soll es üblich gewesen sein, daß die Söhne nicht der Bahre ihres Vaters folgten. Irgendein Rabbi muß wohl gelehrt haben, daß die Seelen jener Kinder, die ein Mann hätte haben können und nicht gehabt hat, weil sein Same unnütz verschüttet wurde, seine Begräbnisprozession beobachten und daß man ihnen nicht die Gelegenheit geben sollte, ihre lebenden Brüder mit dem neidvollen Fluch zu bedenken: »Warum sie und nicht wir?«

In diesem merkwürdigen Aberglauben steckt eine biologische Wahrheit: Jeder Mensch und jeder Organismus, der ohne lebende Nachkommen stirbt, stellt im biologischen Sinne eine Sackgasse dar. Bei den Menschen, die heute in den reichen Gesellschaften leben, und ebenfalls bei den Nutz-Haustieren gelingt es einer Mehrheit der Neugeborenen, zu überleben und ihrerseits Nachkommen zu erzeugen. Das ist biologisch gesehen jedoch eine Ausnahmesituation. Im gesamten Bereich des Lebendigen – von den Pflanzen über die Tiere bis hin zu den armen Menschen in den Dschungeln Südamerikas, den Reissümpfen Asiens und den Elendsvierteln der reichen Länder – stirbt der überwiegende Teil dessen, was geboren wird, in der Jugend, ohne daß es künftigen Generationen sein biologisches Erbe übertragen konnte. Die biologische Evolution ist ein Ausfluß jener wenigen Erfolge, die sich aus der Masse der fehlgeschlagenen Fortpflanzungsversuche herausheben.

Die Vorstellung der biologischen Evolution war, als Charles Darwin ihr im Jahre 1859 mit der Veröffentlichung seines Buches ›Die Entstehung der Arten durch natürliche Zuchtwahl‹ eine solide wissenschaftliche Grundlage gab, eigentlich nicht neu. Sie gehörte jedoch auch nicht zu jenen Vorstellungen, die sich durch ihre offenkundige Wahrheit von selbst aufdrängen, sobald sie einmal ausgesprochen worden sind. Der Widerstand gegen die Idee ging nicht nur von den Anhängern einer fundamentalistischen Bibellehre aus, sondern auch von

der menschlichen Eitelkeit, denn die Evolutionslehre drohte
die Menschen zu einer Tierart herabzusetzen und beleidigte
sie mit der Behauptung, sie seien mit den Affen verwandt.
Der Widerstand gegen diese Idee war übrigens sehr stark in
der menschlichen Kultur verankert, sieht man einmal von den
aufgeklärten Teilen der Gesellschaft ab, die nach der Renais-
sance und der rationalistischen Strömung des 18. Jahrhunderts
die Vorstellung eines gerichteten historischen Prozesses zu einem Bestandteil ihrer Weltsicht gemacht hatten. Der menschlichen Kultur war überwiegend die Vorstellung einer fort-
schreitenden und nicht sich statisch wiederholenden Geschichte noch grundsätzlich fremd. Das griechisch-römische Denken
hat den Gang des Menschen durch die Zeit nie im eigentlich
historischen Sinne verstanden. Auch die Weltdeutungen der
großen Kulturen des Ostens kannten die Idee der Geschichte
als eines irreversiblen Entwicklungsprozesses nicht; für sie
blieb – wie für die Griechen – die Geschichte eine Abfolge
von Episoden, in denen der immerwährende Kampf einer unwandelbaren Menschheit gegen ein unerbittliches Schicksal
sichtbar wird; jeder Mensch bildete eine Welt für sich und
konnte sich höchstens – wie nach Auffassung der Buddhisten
– darum bemühen, durch das Einswerden mit einem gefühl-
losen Kosmos einen Zustand höchster individueller Vollkommenheit zu erreichen. Dadurch daß die jüdische Theologie
und das Christentum als deren hellenistischer Ableger kämp-
ferisch die Weltszene betraten, kam in die Weltanschauung
der westlichen Zivilisation ein historisches Element. Die Schöp-
fung, die Ursünde, die Erlösung und das letzte Gericht gaben
der Geschichte des Menschen eine Richtung. Und doch blieb
das christliche Denken im Grunde unhistorisch. Jeder einzelne Mensch war nach Gottes Willen auf der Erde, um sich einer Prüfung auf gut oder böse zu unterziehen. Um das Reich

Gottes auf Erden zu schaffen, bedurfte es der wundersamen Verkörperung Gottes in seinem Sohn. Gewiß gab es Wandel, Entwicklung und sogar technologischen Fortschritt; jeder konnte es sehen und sich in seinem Alltagsleben zunutze machen, doch für die herrschenden philosophischen Richtungen spielte das keine Rolle. Die großen Errungenschaften der Menschheit – die Metallbearbeitung, die Töpferei und vor allem der Ackerbau und die Zähmung der Tiere – stammten noch aus der Vorgeschichte und wurden vom jüdisch-christlichen Mythos zur Schöpfungsgeschichte gezählt. Der Rahmen war innerhalb von sechs Tagen vollständig geschaffen, und als der erste Mensch starb, waren schon alle grundlegenden Fähigkeiten im Gebrauch, und die Welt hatte bereits ihren unwandelbaren Lauf angetreten.

Daß das menschliche Denken diesen Weg einschlug, ist nicht überraschend. Die organische Evolution ist, weil sie sich äußerst langsam vollzieht, nicht leicht zu erkennen. Zum Modell der Weltdeutung wurde vielmehr die Kosmologie des Himmels, die mechanische Bewegung der Planeten in dem unveränderlichen Panorama der Firmamente, das unveränderlich blieb mit der Ausnahme einiger seltener Anomalien – Supernovä und Langzeitkometen –, deren Auftreten man für ein Anzeichen nahm, daß die Götter von Zeit zu Zeit bewußt in die menschlichen Angelegenheiten eingriffen.

Die Vorstellung, daß der historische Prozeß eine Richtung aufweise, kam in der Geschichtswissenschaft erst im beginnenden 17. Jahrhundert auf, hauptsächlich durch die Schriften des italienischen Gelehrten Giambattista Vico (1668–1744). Mit seiner Theorie der geschichtlichen Zyklen ging er nicht zurück auf die Anschauung der Griechen, daß sich im Gang der Ereignisse gleichförmig bestimmte Abläufe wiederholten, sondern er ging damit analytisch an das Studium der menschlichen Geschichte heran. Vico entwickelte als erster eine Geschichtsauffassung, die zu dem heliozentrischen Weltbild eines Kopernikus, Galilei und Newton paßte, die der humanistischen Philosophie von Descartes und Spinoza angemessen war, die der dynamischen, expandierenden Gesellschaft der Entdecker, der Eroberer und der aufsteigenden Kapitalisten mit ihrer aktiven Auffassung von der persönlichen Verantwortung entsprach, wie sie sich in der protestantischen Religion verkörperte. Das historische Denken Vicos und seiner Nachfolger prägte das gesamte geistige Leben des 17. und 18. Jahrhunderts, führte zu den utopischen Visionen der Philosophen der französischen Aufklärung und mündete schließlich im 19. Jahrhundert in den bewegenden Perspektiven des Marxismus. Es stellte den Menschen als Protagonisten einer Geschichte dar, die als ein Entwicklungsprozeß gesehen wurde, und verdrängte eine Auffassung vom Menschen, in der dieser durch seinen irdischen Wandel zu beweisen hatte, daß seine Seele erlöst werden könne.

Vor dem Auftreten Darwins vermochten diese Ideen allerdings weder in das emotionale Bewußtsein des Mannes auf der Straße noch in die Lehrbücher der Geistlichen einzudringen, denen die Erziehung der Jugend oblag. Die neue Kosmologie hatte gezeigt, daß der Mensch als ein vernunftbegabtes Wesen den kleinen Satelliten eines von Myriaden Sternen bewohnte. Daraus ließ sich ohne weiteres, wenn auch nur auf irrationale Weise, ein wunderbares Beispiel für die geheimnisvollen Wege des Schöpfers machen. Sehr viel gefährlicher jedoch war die Vorstellung, daß die menschliche Geschichte ein Entwicklungsprozeß sei. Wenn nicht der Mensch als einzelner, sondern die Menschheit insgesamt Teil eines Prozesses war, dann wurde die Frage des Ursprungs ebenso drängend wie die Frage der Bestimmung. Das Ziel mochte in der Vollkommenheit liegen, aber wo lag der Anfang? Etwa im Schöpfungsakt? War das nicht dessen Ergebnis ein unvollkommenes Kind Gottes, das auf eine gefahrvolle Bahn gestoßen worden war, um statt nach der Erlösung im Himmel nach der höchsten Vollendung auf Erden zu streben?

Als die Theorie der biologischen Evolution in das Denken des 19. Jahrhunderts einbrach, wurde sie zwar nicht begrüßt, doch war sie der logische Zielpunkt, auf den die historische Weltdeutung hinauslief. Sie machte deutlich, daß nicht nur die menschliche Gesellschaft, sondern auch die gesamte Welt der Lebewesen eine Geschichte besaß, die nicht durch einen Zweck oder ein Ziel in der Zukunft bestimmt war, sondern allein durch vergangene Ereignisse. Sie erklärte alles Lebendige ausschließlich damit, daß es erfolgreich aus der natürlichen Auslese hervorgegangen sei. Darwins großartige Erkenntnis, daß alles Existierende von der natürlichen Auslese abhing, die blindlings als ein rein statistischer Faktor das ständig sich wandelnde Bild der belebten Welt bestimmte, war nicht leicht zu akzeptieren. Im Lichte dieser Einsicht erschien die Gegenwart nicht als ein Tor zu einer hoffnungsvollen Zukunft, sondern als das zufällige Ergebnis von Entwicklungen, die in der Vergangenheit der Vernichtung entronnen waren. Damit, daß Darwin den Menschen in seine umfassende Darstellung der biologischen Evolution einbezog, zerstörte er die Hoffnung, daß der menschlichen Geschichte ein immanenter Zweck innewohnen könnte. Wie einzigartig der Mensch aufgrund seiner geistigen Begabung auch sein mochte – seine ganze Vergangenheit und Zukunft bedeuteten nicht mehr, als daß eine Art einmal auf Erden gewandelt war; ohne Grund, ohne Ziel, ohne Sinn – außer vielleicht dem, den der Mensch sich in seiner existentiellen Freiheit selbst setzte.

Der Boden war für die Evolutionstheorie bereitet, aber er

war mit Hindernissen übersät. Die Evolutionslehre erklärt die Gegenwart als ein Ergebnis der Vergangenheit, sie erklärt das, was ist, durch das, was einmal war. Sie gibt Erklärungen, aber keine Versprechen. Was an dem Evolutionsgedanken am stärksten herausfordert und den größten Widerstand provoziert, ist nicht, daß der Mensch mit dem Tierreich gleichgesetzt oder seine Verwandtschaft mit den Affen deutlich gemacht wird, sondern daß anstelle von Gründen, aus denen er hätte geboren sein sollen, Gründe für das Überleben des Menschen gesetzt werden; Ursachen anstelle eines Zweckes; eine Vergangenheit, von der alles abhing, anstelle einer Zukunft, auf die alles ankäme.

Die historische Auffassung von der Bestimmung des Menschen, die sich in der Aufklärung entwickelt hatte, war nicht im eigentlichen Sinne evolutionär. In ihr wurde als bestimmender Faktor für den Gang der menschlichen Geschichte der vom Himmel gesetzte Zweck durch die Geschichte ersetzt. Man neigte dazu, Quelle und Rechtfertigung der das menschliche Handeln bestimmenden Werte nicht in Gott, sondern in der Geschichte zu sehen, die sich als ein gerichteter Prozeß mechanistisch nach einem höheren Gut der Menschheit ausrichtete. Wie der französische Schriftsteller Albert Camus in seinem ›Rebellen‹ gezeigt hat, trat in dem Streben des westlichen Menschen nach einem höchsten Gut an die Stelle der religiösen einfach eine historische Methaphysik.

Für die Biologie bedeutete die Evolutionstheorie eine großartige, das gesamte Wissen vereinheitlichende Verallgemeinerung. Durch sie wurden Vergangenheit, Gegenwart und Zukunft der gesamten belebten Welt in einer einzigen Abstammungsgeschichte zusammengefaßt – einer Geschichte der Eroberung beinahe aller erdenklichen Umwelten unseres Globus, der ständigen Ausbreitung der Lebewesen und der immer stärkeren Ausdehnung des Organischen auf Kosten des Unorganischen. Im Gegensatz zu der oberflächlichen Auffassung ist die biologische Abstammungsgeschichte jedoch überwiegend keine Geschichte der Erfolge. Sie ist vielmehr eine Geschichte unzähliger Fehlschläge, die durch verhältnismäßig wenige, aber überaus entscheidende Glücksfälle durchbrochen wurde. Wie bereits oben festgestellt wurde, zeigen sich in dem zu einem beliebigen Zeitpunkt existierenden Gesamtbereich der Lebewesen nur die wenigen Abstammungslinien, die von zahlreichen erloschenen Linien überlebt haben. Was zu der jeweiligen Zeit existiert, stammt von jenen wenigen ab, die in früheren Zeiten ihre Lebensfähigkeit bewiesen haben.

Es gibt kaum einen Begriff, der zu größeren Mißverständnissen führen kann, als den Begriff der biologischen Tauglichkeit (fitness). Aufgrund der semantischen Unklarheit neigen wir dazu, die evolutionäre Tauglichkeit gleichzusetzen mit körperlicher Tauglichkeit, wie sie durch Training erworben werden kann, oder mit intellektueller Tauglichkeit, wie sie durch das Bildungssystem gepflegt wird. Für den Genetiker ist evolutionäre Tauglichkeit jedoch ein engerer, präziserer Begriff; sein Maßstab ist die Zahl der Nachkommen, die im Bereich der zu einem bestimmten späteren Zeitpunkt existierenden Organismen an die Stelle eines Individuums (bzw. einer Gruppe von Individuen oder einer Art) getreten sind. Das höchstgebildete und körperlich im äußersten Maße entwickelte Individuum ist, wenn es kinderlos stirbt, im evolutionären Sinne ein Versager. Und selbst ein evolutionärer Erfolg braucht nicht von Dauer zu sein, was man daraus ersehen kann, daß Organismen, die zu früheren Zeiten äußerst erfolgreich waren, heute ausgestorben sind.

Der Begriff der Tauglichkeit läßt sich also zahlenmäßig und zeitlich präzise bestimmen: Wenn A und B zwei gleichzeitig lebende Angehörige der gleichen Art sind, dann ist A im evolutionären Sinne tauglicher als B, wenn zum Zeitpunkt t die Anzahl der Nachkommen von A größer ist als die Anzahl der Nachkommen von B. Die natürliche Auslese kommt darin zum Ausdruck, daß bestimmte Populationen und Arten auftreten und sich entfalten, denen es durch erfolgreiche Vermehrung gelingt, in gewissen spezifischen Umwelten über längere Zeiträume hinweg große Anzahlen zu erreichen. Wenn eine Population einer gegebenen Art durch Migration oder eine sonstige Einwirkung auf eine sehr kleine Anzahl von Individuen zusammenschrumpft, dann können sich unter Umständen diese Individuen, selbst wenn sie unter dem Gesichtspunkt der Fortpflanzung ursprünglich nicht die am besten ausgestatteten waren, als die Erzeuger einer ganzen neuen Abstammungslinie erweisen. Ein solcher Erfolg, der sich aus der zufälligen Abtrennung einer kleinen Gruppe von Individuen ergibt, ist als *genetische Drift* bezeichnet worden. Die genetische Drift ist eigentlich ein Mechanismus, der die Evolution stört. Sie verstärkt gegenüber der wirksamen Auslese in großen Populationen die Bedeutung des Zufalls und beschränkt dadurch die genaue, adaptive Anpassung einer Art an ihre Umwelt. Sie verzögert eigentlich das Wirken der natürlichen Auslese. In den meisten Fällen jedoch erweisen sich die zahlenmäßig großen Populationen als die erfolgreichen, und im Gesamtverlauf der Evolution spielt die genetische Drift eine verhältnismäßig geringe Rolle.

Entscheidend dagegen und ohne weiteres erkennbar ist die Rolle, welche die Umwelt in der Evolution spielt: Eine bestimmte Umwelt sorgt dafür, daß die Tauglichkeit für diese Umwelt wächst, indem sie die Vermehrung solcher Individuen begünstigt, deren genetische Ausstattung sie für das Leben in dieser Umwelt am besten geeignet macht. Eine Population von Organismen und ihre Umwelt stellen deshalb ein Interaktionssystem dar. Man spricht zu Recht von der »Tauglichkeit der Umwelt« (so lautete der Titel eines bemerkenswerten Buches, das der amerikanische Biochemiker Laurence Handerson zu Anfang des 20. Jahrhunderts verfaßte) in dem Sinne, daß es beinahe den Anschein hat, als sei die Umwelt, in der man bestimmte Organismen findet, gemacht worden – wenn man so will –, um für jene Organismen geeignet zu sein, die so gut an sie angepaßt sind. Tatsächlich ist jedoch meistens die Umwelt der Hauptfaktor im Anpassungsprozeß. Die Organismen stellen die biologischen Auswahlmöglichkeiten dar, auf die die Umwelt selektiv einwirkt, indem sie die erfolgreichsten Typen fördert. Der Mensch (und in geringerem Maße einige Tierarten wie etwa der Biber) besitzen die Fähigkeit, ihre Umwelt zu formen und für ihre eigenen Ziele geeigneter zu machen. Doch selbst bei Organismen, die nicht dazu fähig sind, ist die Wechselwirkung zwischen Umwelt und Organismus immer vorhanden. Die selegierende und vervollkommnende Rolle dieser Wechselwirkung kommt in der genetischen Ausstattung jeder neuen Generation zum Ausdruck.

Die unterschiedliche genetische Ausstattung der Individuen innerhalb einer Art wie auch zwischen verschiedenen Arten, die von der natürlichen Auslese betroffen wird, entsteht durch die erbliche Variation. Man sollte unbedingt darauf achten, daß nicht jede biologische Variation erblich ist. Nehmen wir an, ich hätte einen identischen Zwillingsbruder, mein Zwillingsbruder und ich wären also aus dem gleichen befruchteten Ei hervorgegangen. Würde ich nun mein ganzes Leben in den Tropen zubringen, dann wäre meine Haut wahrscheinlich dunkler als die meines Bruders, der in Neuengland lebte. Unsere Kinder würden aber weder meine Bräune noch seine Blässe ererben. Genetisch bleiben identische Zwillinge identisch. Die These von der Vererbung erworbener Merkmale, die von dem großen französischen Zoologen Jean-Baptiste de Lamarck (1744–1829) vorgetragen und vorübergehend, wenn auch nur zögernd in Ermangelung einer besseren Theorie von Darwin übernommen wurde, hat sich als unhaltbar erwiesen. Die Ergebnisse zahlloser Experimente sind völlig unvereinbar mit der Vererbung von Merkmalen, die während der Lebenszeit erworben wurden. Was ererbt wird, ist ein genetisches Potential, eine Gruppierung von Genen oder – technisch gesprochen – ein *Genotypus*. Das Ausmaß, in dem ein Individuum sich funktional an seine Umwelt anpassen kann, hängt von seinem Genotypus ab.

Ein Bakterium oder eine Amöbe, die sich durch Teilung vermehren, haben zwei Nachkommen, die genetisch mit dem einzelnen Elter identisch sind (außer wenn genetische Veränderungen auftreten, die später erklärt werden). Bei Organismen mit sexueller Fortpflanzung gehen nach erfolgreicher Paarung aus zwei Individuen unterschiedlichen Geschlechts Nachkommen hervor, deren Genotypen sich nach den Regeln der Genetik zum Teil von dem einen, zum Teil von dem andern Elter ableiten. Unterscheiden sich die Eltern in einer Reihe von Merkmalen – d. h. in der Struktur bestimmter Gene –, dann besteht in jeder Generation die Möglichkeit neuer Kombinationen. Die sexuelle Fortpflanzung beschleunigt also die Evolution, weil sie die genetische Variabilität innerhalb einer Population steigert.

Von dieser Regel gibt es zwei Ausnahmen: die Selbstbefruchtung und die Inzucht. Die Selbstbefruchtung, die überwiegend bei Pflanzen auftritt, ist in Wirklichkeit keine Ausnahme, weil sie eigentlich keine Form der Sexualität darstellt. Paarungsversuche innerhalb einer Inzuchtlinie sind insofern interessant, als sie eine Illustration der Regel bieten.

Tierische Inzuchtformen können im Laboratorium für Zwecke wissenschaftlicher Forschung durch wiederholte Geschwisterpaarung bei Mäusen, Ratten, Kaninchen und anderen Kleintieren hergestellt werden. Die Tiere der einzelnen Abstammungslinien werden einander, nachdem eine solche inzestuöse Zeugung häufig wiederholt worden ist, genetisch immer ähnlicher, weil ihr »Genpool« in immer stärkerem Maße verarmt. Man kann sich ausrechnen, wie viele Generationen nötig sind, bis die Genunterschiede bei einer Gruppe von Tieren unter einen gewünschten Prozentsatz sinken, wobei dieser Prozentsatz mit der wachsenden Zahl von Geschwisterpaarungen kleiner wird. Die Inzuchtlinie wird dann praktisch zu einer reinen Abstammungslinie. Eine Paarung zwischen solchen Tieren und ihren Nachkommen erfüllt jedoch nicht mehr, so sehr sie ihnen auch noch Freude bereiten mag, eine der evolutiven Aufgaben der Geschlechtlichkeit. Genetisch gesehen entspricht sie einer Amöbenteilung, weil zwei identische Eltern eine identische Nachkommenschaft erzeugen müssen.

Die in der Natur bestehenden Unterschiede zwischen Individuen und Arten sind das Ergebnis von Veränderungen oder *Mutationen* im genetischen Material. Mutationen kommen ständig, jedoch nur mit einer sehr geringen Häufigkeit vor, so daß ein bestimmtes Gen vielleicht nur einmal in mehreren tausend Generationen eine Mutation erfährt. Diese Mutationen, die sich aus der eigentümlichen Verletzlichkeit der chemischen Struktur des genetischen Materials sowie aus Irrtümern beim Gruppieren dieses Materials ergeben, sind die Ursache der gesamten genetischen Vielfalt, die ihrerseits die materielle Grundlage der Evolution darstellt, die sich durch natürliche Auslese vollzieht.

Um zur Evolution zurückzukehren, so besteht ihr bemerkenswertester Zug in ihrer scheinbaren Präzision, mit der sie für eine nahezu ungeheuerlich anmutende Anpassung sorgt. Alle lebenden Organismen scheinen so gestaltet worden zu sein, daß sie in ihrem Verhalten ihrer natürlichen Umwelt hervorragend angepaßt sind.

Es ist die durch das sogenannte Gesetz der großen Zahl wirkende natürliche Auslese, die dieses Kunststück schafft. Der Prozeß der genetischen Mutation ist streng zufällig; die Neumischung von Genkombinationen bei jeder Paarung (mit Ausnahme von reinen Abstammungslinien) ist weitgehend, wenn nicht vollständig zufällig; die gelegentlich auftretende scheinbare Tauglichkeit, die einzelne Individuen in kleinen Populationen erlangen – die sogenannte genetische Drift – beruht auf dem Zufall. Der überragende Faktor, die natürliche Auslese, ist jedoch alles andere als zufällig. Indem sie aus der bei einer großen Population vorhandenen ungeheuren Anzahl von Genkombinationen eine Auswahl trifft, sorgt die natürliche Auslese mit ihrer beständigen, unaufdringlichen Wirkung dafür, daß die Population in wachsendem Maße ihrer Umwelt angepaßt wird, weil die Träger der erfolgreicheren Genotypen in allen Generationen relativ mehr Nachkommen haben. Sicherlich ist das ein zirkuläres Argument, da ja die evolutionäre Tauglichkeit definitionsgemäß mit der relativen Überzahl an Nachkommen gleichgesetzt wird. Tatsache ist aber, daß in relativ gleichbleibenden Umwelten eine Art sich immer stärker anpaßt und immer besser spezialisiert wird. Die natürliche Auslese funktioniert. Sie funktioniert übrigens auch dann, wenn die Umwelt sich verändert, weil bei jeder natürlichen Population die Lotterie der sexuellen Fortpflanzung dafür sorgt, daß durch unterschiedliche Genotypen ein gewisser Bestand an erblicher Variation vorhanden ist. Die Evolution von Populationen, Arten und sogar ganzen Gattungen und Familien von Organismen endet nur dann, wenn sich – etwa durch Vergletscherung oder das Auftreten neuer Feinde oder neuer Infektionskrankheiten – die Umwelt in großem Maßstab verändert. Das geschah am Ende der Kreidezeit mit den Dinosauriern, die vor etwa 100 Millionen Jahren Land, Luft und Meere bevölkerten. Das vollzog sich auch in weniger dramatischer From mit der großen Mehrheit der Abstammungslinien – einschließlich der menschenähnlichen Vorfahren des Menschen und aller von ihnen abgeleiteten Zweige mit Ausnahme des einzigen, der sich erhielt und entfaltete: *Homo sapiens*.

Bei Populationen von asexuellen Organismen, zu denen die meisten Bakterien gehören, gibt es die Neumischung der genetischen Merkmale in jeder Generation nicht, und eine wirksame Anpassung an neue Umwelten ist nur dadurch möglich, daß sehr viele Individuen existieren, darunter auch eine stattliche Zahl von Mutanten. Die Wirkung der natürlichen Auslese und die Tatsache, daß sie nicht ein Chaos, sondern Anpassung erzeugt, läßt sich überhaupt durch das Gesetz der großen Zahl erklären. Große Populationen enthalten eine Vielzahl von Genotypen und bieten dadurch die Möglichkeit, daß sich die Nachkommenschaft wirksam differenziert.

Dieses Konzept ist enttäuschend einfach, aber in Wirklichkeit sehr subtil; man muß es ganz klar erfassen, wenn man das Leben, auch das Leben des Menschen, verstehen will. Damit die Auslese wirkungsvoll funktionieren kann, brauchen nicht alle Genkombinationen in großer Anzahl vorhanden zu sein; tatsächlich enthält aber keine natürliche Population von geschlechtlich sich vermehrenden Organismen zwei einander genau entsprechende Genotypen (von eineiigen Zwillingen abgesehen). Die Wirkung der Auslese besteht darin, daß sie in den aufeinander folgenden Generationen bei einer wachsenden Vielfalt von Genkombinationen die Häufigkeit jener Gene erhöht, die einen Fortpflanzungserfolg begünstigen. Wird der Fortpflanzungserfolg von Individuen, die ein bestimmtes Gen tragen, dadurch begünstigt, dann wird dieses Gen in der nachfolgenden Generation in größerer Zahl vorhanden sein. Die Auslese greift nicht direkt bei den Genen ein; sie betrifft die *Phänotypen,* den Komplex der aktualisierten Merkmale des Organismus. In dem Phänotypus eines Organismus kommt sein Genotypus unter Einbeziehung seiner Umwelt- und Entwicklungsgeschichte zum Ausdruck. Er stellt nicht eine Struktur oder eine Summe von Strukturen, sondern ein Organisationsmuster dar. Was der Evolution unterliegt und aus ihr sich ergibt, sind in der Tat keine Strukturen, sondern organisierte Ganzheiten aus Form und Funktion. Die Auslese von Phänotypen, die sich mit Erfolg fortpflanzen, sorgt im übrigen dafür, daß innerhalb der Gesamtpopulation bestimmte Gene zunehmen, die in einer großen Zahl von Kombinationen mit anderen Genen die Tauglichkeit, so wie sie hier definiert wurde, erhöhen.

Die Auslese arbeitet blind, aber wirkungsvoll. Wenn man zurückschaut, hat sie mit einer unerhörten Präzision gearbeitet. Diese Präzision entspricht jedoch der Genauigkeit, mit der man die Chance berechnen kann, daß sich beim Pokern drei gleichartige Karten in einer Hand vereinigen. Das wahrscheinliche Ergebnis kann nur aufgrund der großen Zahlen zur Wirklichkeit werden, so wie auch nur bei einem extrem ausgedehnten Kartenspiel die unterschiedlichen Kombinationen von Karten annähernd in ihrer erwarteten Häufigkeit auftreten werden. Nur weil es so eine große Zahl von Chancen gibt, bekommt das Spiel – ob es um das Pokern oder um das biologische Überleben geht –, das eigentlich Wahrscheinlichkeitscharakter hat, eine quasi deterministische Qualität. Das gilt für die Vergangenheit wie auch für die Zukunft. Viele Menschen, darunter auch manche Wissenschaftler, haben nicht glauben wollen, daß ein probabilistischer Vorgang wie die natürliche Auslese derart präzise gearbeitet haben soll, daß die beinahe unglaubliche Angepaßtheit der Pflanzen und Tiere an ihre natürlichen Umwelten und das Wunder des menschlichen Geistes dabei entstanden. Sie haben gemeint, daß es außer den Gesetzen der Physik und Chemie auch biologische Gesetze geben könne, mit denen sich die Richtung, die Geschwindigkeit und die scheinbare Zweckhaftigkeit der Evolution erklären ließe. Was jedoch den Anschein der Zweckhaftigkeit erweckt, ist nichts anderes als die Auslese der – wenn auch nur geringfügig – überlegenen Lebenstauglichkeit, die zu einem größeren Fortpflanzungserfolg führt. Wenn man, um die Wirksamkeit der natürlichen Auslese zu erklären, sich auf unbekannte biologische Gesetze beruft, fällt man in den Vitalismus zurück, jene Theorie, welche die Besonderheit der lebenden Organismen mit einer »Lebenskraft« erklären wollte. Derartige Erklärungen erklären nichts und lassen sich letzten Endes auf den metaphysischen Glauben zurückführen, jeder Organismus besitze so etwas wie einen ihm von außen beigebrachten Lebensgeist oder eine Seele.

Die moderne Theorie der Evolution besitzt wie alle historischen Theorien mehr erklärenden als prognostischen Charakter. Den Fehler, diesen Punkt zu übersehen, haben viele Theoretiker der Geschichte gemacht. Wenn man den weiteren Verlauf der Evolution voraussagen wollte, müßte man nicht nur den Hauptfaktor – die natürliche Auslese –, sondern auch alle künftigen Umweltbedingungen sowie das Verhältnis kennen, in dem sich die quasi deterministischen Auswirkungen des Gesetzes der großen Zahl und das ausschließlich auf dem Zufall beruhende Gewicht der genetischen Drift in Zukunft entwickeln werden.

Wie die Geschichte unterscheidet sich nämlich die Evolution vom Münzenwerfen oder vom Kartenspiel durch ein wesentliches Merkmal – ihre Irreversibilität. Alles was einmal sein wird, ist Nachkomme dessen, was ist, so wie das, was ist, abstammt von dem, was gewesen ist, und nicht, was hätte sein können. Der Mensch ist ein Kind der Realität und nicht hypothetischer Situationen; die Realität der Evolution – die Vielfalt der heute existierenden Organismen – ist nur eine kleine Auswahl dessen, was in der Vergangenheit einmal möglich war. Es kann sein, daß eine Art ausstirbt; vielleicht entsteht dann durch die Evolution in einer Umwelt, der die untergegangene Art angepaßt gewesen wäre, eine neue Art, die der ausgestorbenen einigermaßen entspricht. Durch einen solchen Vorgang, den man als *Konvergenz* bezeichnet, erhielten Delphine und Wale ihre annähernd fischartige Gestalt und Fledermäuse ihr vogelähnliches Aussehen. Dabei macht die Evolution aber keinen Schritt zurück. Sie macht jeweils nur das Beste aus dem genetischen Material, das überlebt hat, um der Evolution zur Verfügung zu stehen.

Der Mensch, das einzige Tier mit Bewußtsein, empfindet Enttäuschung, wenn er ohne Nachkommen stirbt; er empfindet Stolz, wenn er Kinder hat. Vielleicht kommt darin auf eine unbewußte, verinnerlichte Weise ein Gefühl zum Ausdruck, daß durch das vergängliche Ich hindurch die Evolution weitergeht.

2 Vererbung

Eine Amöbe wächst und teilt sich; die dabei entstehenden beiden Amöben gleichen der ursprünglichen. Tritt eine erbliche Veränderung ein, dann erzeugt die veränderte Amöbe eine neue Abstammungslinie, die entweder aussterben oder sich erhalten und weiterentwickeln wird – je nach ihrer Angepaßtheit an die Umwelt, ihrer Tauglichkeit im Konkurrenzkampf um Nahrung und ihrer Widerstandskraft gegenüber negativen Bedingungen, kurz: je nach ihrem Erfolg im Spiel der natürlichen Auslese. Man kann annehmen, daß die Amöbe und jeder andere einzellige Organismus, der sich durch eine einfache Zellteilung vermehrt, ihre vollständige Struktur vererben, von der in jeder Generation jede der beiden Tochterzellen eine Hälfte erhält.

Die meisten Organismen pflanzen sich allerdings auf eine andere Weise fort. Bei den Pflanzen und Tieren einschließlich des Menschen steuern zwei Individuen unterschiedlichen Geschlechts *Keimzellen* – Eier oder Sperma – zur Erzeugung eines neuen Organismus bei. Dieser neue Organismus ist nicht die Summe des Erbguts der beiden Eltern: Er ist eine Kombination von Teilen des Erbguts beider. Im Rahmen der möglichen Erscheinungsformen, die Individuen der Art *Homo sapiens* annehmen können, wird ein Kind in seinem Geschlecht mit einem der Eltern, in anderen Merkmalen aber zum Teil mit dem Vater, zum Teil mit der Mutter und in wiederum anderen mit keinem der beiden übereinstimmen.

Die Wissenschaft der Genetik nimmt ihren Ausgang von dem Geheimnis der Familienähnlichkeit und analysiert unter Verwendung von kontrollierten Züchtungsexperimenten mit Tieren und Pflanzen die zugrunde liegenden Mechanismen. Sie ist eine junge Wissenschaft; ihre Grundlagen schuf der böhmische Mönch Gregor Mendel (1822–1884) etwa zu der gleichen Zeit, als Darwin sein Buch ›Die Entstehung der Arten‹ veröffentlichte. Während aber Darwins Buch in der wissenschaftlichen und sogar in der allgemeinen Öffentlichkeit wie eine Bombe einschlug, wurde Mendels Leistung nicht anerkannt und blieb sogar bis zum Ende des Jahrhunderts völlig unbekannt. Dann schufen die Genetiker in weniger als siebzig Jahren eine Wissenschaft von der Vererbung, die im Gesamtbereich der Naturwissenschaften zu den am besten begründeten, innerlich geschlossensten und weitestgehend von Widersprüchen freien Erkenntnisgebieten gehört. Sie ist für die Biologie das, was für die Physik die großen Generalisierungen sind: die Erklärung jeglicher Bewegung durch Newtons Gesetze der Mechanik und die Erklärung der gesamten Materie durch die Theorie des atomaren Aufbaus.

Die Entwicklung der Genetik war keine geringe Aufgabe. Es gibt kaum einen Bereich der Natur, in dem eine derart erstaunliche Vielfalt herrscht wie in den Fortpflanzungsmechanismen sehr unterschiedlicher Organismen. Die niederen Formen können sich ungeschlechtlich entfalten und unbegrenzt fortpflanzen, und zu einer sexuellen Vereinigung kommt es nur zufällig, wenn zwei sexuell geeignete Typen zusammentreffen. Die meisten Blütenpflanzen sind auf den Wind oder auf sie besuchende Insekten angewiesen, damit Sperma- und Eizellen zusammenkommen. Bei Fischen, wie etwa der Forelle, und Amphibien, wie beispielsweise dem Frosch, befruchtet das Männchen die Eier außerhalb des Körpers des Weibchens. Bei Vögeln und Säugetieren vollzieht sich die Befruchtung durch sexuelle Kopulation. Selbst innerhalb einer kleineren Gruppe von Organismen gibt es eine erstaunliche Vielfalt der Fortpflanzungsmechanismen, so als sei bei der natürlichen Auslese in diesem Bereich eine beinahe perverse Phantasie am Werke gewesen. Die Genetik hat jedoch hinter der verwirrenden Vielfalt der Fortpflanzungsorgane die im wesentlichen übereinstimmenden Regelmäßigkeiten entdeckt, die bei allen Organismen mit sexueller Fortpflanzung auftreten. Sie hat das Erbmaterial in seine grundlegenden Kombinationselemente, die Gene, zerlegt, und sie hat festgestellt, daß die Gene aller Organismen aus einer gemeinsamen Substanz bestehen, die in der Tat den Stoff darstellt, aus dem das Leben gemacht ist. Die nicht leicht auszusprechende chemische Bezeichnung dieser Substanz – Desoxyribonukleinsäure – ist in der (englischen) Abkürzung DNA beinahe zu einem mystischen Symbol des Lebens geworden.

Die Entwicklung der Genetik und insbesondere des Genkonzepts gehört zu den bemerkenswertesten Kapiteln in der Geschichte des wissenschaftlichen Fortschritts. Angefangen mit Gregor Mendel und dessen Erbsen über den amerikanischen Zoologen Thomas Hunt Morgan (1866–1945) und seine Fruchtfliegen bis hin zu den zeitgenössischen Biologen James D. Watson und Francis Crick und die Doppelhelix der DNA haben die Genetiker die überraschend einfachen Regelmäßigkeiten aufgedeckt, die der äußerlich verwirrenden Komplexität der Vererbung zugrunde liegen. Sie haben diese Regelmäßigkeiten durch spezifische materielle Objekte, die Gene, erklärt.

Sie haben die Genetik aus einer rein biologischen zu einer chemischen Wissenschaft gemacht, der molekularen Genetik, und sie haben festgestellt, daß die einzelnen Gene bestimmten Abschnitten der Nukleinsäuremoleküle entsprechen. Sie haben die chemische Schrift entziffert, in der die Instruktionen für die Funktion der Gene festgelegt sind; sie haben die Vorgänge enthüllt, durch welche die Gene kopiert werden, wenn neue Zellen entstehen; und sie haben den Dekodierungsapparat analysiert, der die chemische Schrift der Gene in die chemische Struktur der Proteine übersetzt, welche das Hauptprodukt der Gene darstellen. Heute besitzt der Mensch eine umfassende, auch theoretisch befriedigende Kenntnis von den einzelnen Bestandteilen des Vererbungsvorganges, auch derjenigen der menschlichen Vererbung. Zweifellos werden durch die künftige Forschung noch weitere Entdeckungen hinzukommen, doch die bleibenden Grundlagen der Biologie, die auf den beiden Fundamenten der Evolutionstheorie und der molekularen Genetik beruht, stehen fest, so wie auch die auf der Atomtheorie, der Quantenmechanik und der Relativitätstheorie beruhenden Grundlagen der Physik unerschütterlich feststehen.

Erst die vorausgegangene Entwicklung der klassischen Genetik – der Wissenschaft von der Übertragung erblicher Merkmale von einer Generation auf die nächste – schuf die Möglichkeit der molekularen Genetik, der chemischen Untersuchung von Natur, Funktion und Evolution der Gene. Die Erfolge der klassischen Genetik wurden wiederum ermöglicht durch die Entwicklung einer Methodologie, die zu eindeutigen quantitativen Ergebnissen führte, welche einer mathematischen Analyse unterzogen werden konnten.

Das ließ sich nur dadurch erreichen, daß die Genetiker den Versuch aufgaben, die Vererbungsgesetze aus der Untersuchung von natürlichen Stammbäumen solcher Organismen wie der

Haustiere oder auch des Menschen selbst zu erschließen, und sich statt dessen der experimentellen Züchtung zuwandten, die sie im Laboratorium oder auf dem Versuchsfeld an leicht zu handhabenden Tieren oder Pflanzen, wie beispielsweise Fruchtfliegen oder Mäusen bzw. Mais, durchführten. Sie konnten die grundlegenden Gesetze der Vererbung dadurch entwickeln, daß sie einfache Fälle untersuchten – also Kreuzungen, bei denen die beiden Eltern sich nur in einem oder in wenigen genau definierten Merkmalen, wie etwa der Farbe oder Form eines bestimmten Organs, oder dem Vorhandensein bzw. der Abwesenheit einer bestimmten chemischen Reaktion unterschieden. Sie hatten dabei eine hinreichende Zahl von Fällen zu untersuchen, um über bloße qualitative Beobachtungen hinaus zu statistisch signifikanten quantitativen Ergebnissen zu gelangen. Erst dann wurde es möglich, sich komplizierteren Sachverhalten zuzuwenden, etwa der Interpretation von Familienstammbäumen, in denen Erbkrankheiten vorkamen, oder der Untersuchung der Erblichkeit so komplexer Eigenschaften wie Körpergröße und Gestalt. Die Genetiker konnten in allen Fällen zeigen, daß die Regeln, die für einfache Sachverhalte gelten, auch auf komplexe Sachverhalte zutreffen – wobei sich allerdings in solchen Merkmalen wie Körpergröße oder Hautfarbe, die beim Menschen ein breites Kontinuum von Ausprägungen annehmen können, die Erbwirkungen nicht nur eines, sondern zahlreicher Gene niederschlagen. Die Körpergröße von Männern und Frauen wird beispielsweise von einer großen Zahl von Genen bestimmt, die während der Entwicklung des Individuums zu verschiedenen Zeiten wirksam werden und das Knochenwachstum beeinflussen. Ein hochgewachsener Mensch besitzt zahlreiche Gene, die für das Längenwachstum bestimmend sind, und wird wahrscheinlich mehrere davon seiner Nachkommenschaft mitteilen.

Die tatsächliche Körpergröße eines Individuums hängt jedoch nicht nur von seinen Genen, sondern auch von der Ernährung ab, die es während seiner Wachstumsjahre erhält. In diesem wie in anderen Fällen bestimmen die Gene die innere Tendenz des Organismus, während das tatsächliche Ergebnis sowohl von den Genen als auch von der Umwelt abhängig ist.

Auf welcher Art von Forschungsergebnissen die Konzeption der Gene beruht, soll an einem Einzelbeispiel illustriert werden. Der Genetiker bringt ein paar aus Inzucht hervorgegangene Hasenmännchen mit weißem Fell und ein paar, ebenfalls aus Inzucht hervorgegangene Weibchen mit braunem Fell zusammen. (Das Geschlecht könnte ohne Änderung des Ergebnisses ausgetauscht werden.) Die Hasen paaren sich und bekommen Junge. In der ersten Generation sind alle braun. Wenn diese Jungen großgeworden sind und sich untereinander paaren, werden ein Viertel ihrer Jungen in weißes und dreiviertel ein braunes Fell haben. Das Merkmal der weißen Färbung, das in der ersten Generation scheinbar untergegangen war, tritt wieder hervor. Das Verhältnis von 3 : 1 zwischen Braun und Weiß erklärt sich dadurch, daß jedes Tier von dem fraglichen Gen zwei Kopien besitzt, von denen es die eine oder die andere an die Nachkommenschaft weitergibt. Die aus Inzucht hervorgegangenen braunen Hasen besitzen zwei Kopien eines »braunen« Gens, die ebenfalls aus Inzucht entstandenen weißen Hasen zwei Kopien eines »weißen« Gens. Alle Tiere der ersten Generation erhalten deshalb ein braunes und ein weißes Gen. Sie sind deshalb braun, weil auch ein braunes Gen allein ausreicht, um die Produktion von soviel braunem Pigment zu veranlassen, daß das Fell braun gefärbt wird. Das braune Gen ist gegenüber dem weißen *dominant*. In der zweiten Generation sind nur die Hasen weiß, die zufällig von beiden Eltern ein weißes Gen bekamen.

Tausende von Erbmerkmalen sind mittlerweile bei Hunderten von Pflanzen- und Tierarten untersucht worden, und die Ergebnisse waren immer die gleichen: Die Vererbungspotentiale, die man als Gene bezeichnet, werden unverändert von Generation zu Generation weitergegeben und verhalten sich wie materielle Elemente, die bei der Produktion von Keimzellen jedesmal getreulich reproduziert werden. Der Mensch besitzt wahrscheinlich 100 000 verschiedene Gene, kleinere Organismen etwas weniger. Jedes Individuum besitzt zwei und nur zwei Kopien von jedem Gen, eine, die es von dem Vater, und eine, die es von der Mutter bekommen hat. Jede Körperzelle besitzt deshalb zwei vollständige Gensätze. Kurz bevor eine Zelle sich teilt, verdoppelt sich jedes Gen, so daß es dann von jedem Gen vier Kopien pro Zelle gibt. Der als *Mitose* bezeichnete Vorgang der Zellteilung verläuft derart, daß jede Tochterzelle von jedem Gen nur eine Kopie des väterlichen und nur eine des mütterlichen Gens erhält.

Wenn durch geschlechtliche Befruchtung ein neuer Organismus entstehen soll, geschieht etwas Neues: Die Geschlechtsorgane produzieren Keimzellen – Sperma und Eier. Diese besitzen nicht zwei, sondern nur einen Satz von Genen. Hier findet die Lotterie statt, die durch Zufall entscheidet, welche Kopie eines Gens ein Spermium oder ein Ei erhält – bei dem Experiment mit den Hasen beispielsweise das Gen für das braune oder für das weiße Fell. Wenn Ei und Spermium sich treffen und verschmelzen, entsteht ein neues Individuum, das in jeder Zelle wiederum zwei Gensätze enthält.

Ein Organismus manifestiert jedoch nicht unbedingt alle Merkmale, deren Gene in seinen Zellen vorhanden sind. So verdeckt etwa das dominante Braunfell-Gen des Hasen das Weißfell-Gen. Diese Dominanz einer Kopie eines Gens gegenüber einer anderen gehört zu den entscheidenden Voraussetzungen der

Evolution. Eine durch Mutation entstandene neue Genvariante ist im allgemeinen für den Organismus nicht so vorteilhaft wie die normale, bewährte Variante dieses Gens. Käme die neue Genvariante unmittelbar zum Tragen, dann würde sie den einzelnen Organismus wahrscheinlich belasten und seinen Fortpflanzungserfolg derart vermindern, daß das neue Gen sehr rasch ausgeschaltet würde. Wenn ein mutantes Gen jedoch sozusagen unter einem dominanten Gen mehrere Generationen lang versteckt bleiben kann, während es sich in den Keimzellen immer mehr ausbreitet, dann bekommt es zahlreiche Chancen, in einer Reihe von neuen Kombinationen mit anderen Gensätzen ausprobiert zu werden. Vielleicht erweist es sich in einigen dieser Kombinationen als genauso wertvoll oder gar noch wertvoller als die ursprüngliche Genvariante, analog der Tatsache, daß ein Mensch in einer bestimmten Umgebung etwas leistet, in einer anderen aber nicht. Auf diese Weise besteht für die neuen Gene eine Chance, sich innerhalb einer Population durchzusetzen und schließlich sogar die ursprünglichen Gene zu verdrängen.

Nicht alle mutanten Gene haben eine solche Chance. Manche führen, sobald sie nicht mehr unter einem dominanten Gen verborgen sind, zum Tod des Organismus, weil sie entweder eine lebenswichtige Funktion nicht erfüllen oder zu einer Entstellung führen, die sich mit dem Gesamtablauf der individuellen Entwicklung nicht verträgt. Viele Entstellungen und Mißbildungen, die mit dem Leben unvereinbar sind, sind auf solche letalen Gene zurückzuführen, die solange unentdeckt bleiben können, bis sie einmal in zwei Kopien vorhanden sind, ohne daß ein dominantes normales Gen sie verdeckt.

An dieser Stelle muß hervorgehoben werden, daß der Vererbungsvorgang sich wesentlich durch die Tatsache auszeichnet, daß bei der Vererbung körperlicher Merkmale regelrecht materielle Elemente von den Eltern auf die Nachkommenschaft übertragen werden, die sich von Generation zu Generation unverändert erhalten. Die Bestandteile des Erbgutes vermischen sich nicht. Eine Bestimmung der Erbmerkmale durch Verdünnung, wie sie in der populären Redeweise von Vollblut- oder Halbblut-Typen unterstellt wird, gibt es nicht. Es gibt nur die Lotterie der zahllosen Kombinationen der Gene von Ei und Spermium, aus denen ein neues Individuum entsteht.

Da jedesmal, wenn eine Zelle sich teilt und wenn Eier oder Spermien erzeugt werden, Tausende von Genen genau verteilt werden müssen, muß es einen Mechanismus geben, der das ermöglicht. Dieser Mechanismus beruht auf der Tatsache, daß die Gene nicht frei in den Zellen herumschweben, sondern im Zellkern an mikroskopisch kleinen Fäden aufgereiht sind, die als *Chromosomen* bezeichnet werden. Die Zelle weist zwei Kopien von jedem Gen auf, weil sie von jedem Chromosom zwei Kopien besitzt. Jede Zelle des menschlichen Körpers besitzt 23 Chromosomenpaare, insgesamt also 46 Chromosomen. Das eine Chromosom des Paares stammt aus dem väterlichen Spermium, das andere aus dem mütterlichen Ei. Ein besonderes Paar von Chromosomen, die mit X und Y bezeichnet werden, enthält die Gene, die das Geschlecht des Individuums bestimmen. Frauen besitzen zwei X-Chromosomen; jedes Ei besitzt infolgedessen ein X-Chromosom. Männer haben ein X- und ein Y-Chromosom. Die Hälfte der Spermien bekommt ein X-Chromosom, und wenn ein solches Spermium sich mit einem Ei verbindet, entsteht ein XX-Paar und damit ein weibliches Kind. Die andere Hälfte der Spermien besitzt ein Y-Chromosom und führt zu XY-Kindern, also zu Knaben. Manchmal geht etwas schief, und es entsteht ein Mensch mit einem X- und zwei Y-Chromosomen. Derartige XYY-Männer können sich entwickeln, aber sie sind meistens von einer anomalen Größe und oft geistig zurückgeblieben. Nach unbestätigten Berichten sollen XYY-Männer zur Gewaltkriminalität neigen. Frauen mit nur einem X und Männer mit XXY weisen in ihrer körperlichen Entwicklung und in ihren Funktionen starke Abnormitäten auf und sind völlig unfruchtbar. Die X- und Y-Chromosomen besitzen offenbar Gene, die sich in einem genauen quantitativen Verhältnis befinden müssen, damit der Organismus richtig funktioniert, besonders in der sexuellen Entwicklung. Entsprechendes gilt für die übrigen Chromosomen. Tatsächlich führt das Fehlen auch nur eines Chromosomenbruchteils beim Menschen im allgemeinen zum Tode; wenn eine Keimzelle ein Chromosom (oder ein kleines Bruchstück davon) verliert, stirbt der daraus entstehende Embryo entweder im Mutterleib oder kurz nach der Geburt.

Jedes Chromosom enthält Tausende und Abertausende von Genen, von denen viele für das Leben und eine normale Entwicklung unerläßlich sind. Der Zufall, der darüber entscheidet, welches Chromosom aus einem Chromosomenpaar in ein Ei oder ein Spermium aufgenommen wird, sorgt in jeder Generation für eine gewisse Neumischung des Erbmaterials. Wenn das allerdings die einzige Art der Neumischung wäre, würden die Gene eines bestimmten Chromosoms Generation auf Generation zusammenbleiben. Die Veränderungen reichen jedoch weiter. Wenn die Geschlechtsorgane Eier und Samenzellen produzieren, treten die zwei Chromosomen jedes Paares zusammen und tauschen Teile aus, so daß Gene, die zuvor in einem Chromosom zusammen waren, nunmehr getrennt werden. Ein bestimmtes Gen – z. B. das Gen für die Fellfarbe des Hasen – bleibt in dem Chromosom in der gleichen relativen Position; was sich ändert, ist die Zusammenstellung der Gene eines bestimmten Chromosoms. Bei einem Hasen kann etwa auf einem Chromosom das Braunfell-Gen und das Kurzschwanz-Gen sitzen. Nach einem Austausch befindet sich das Kurzschwanz-Gen vielleicht auf einem Chromosom mit dem Weißfell-Gen, und diese neue Kombination geht auf die folgende Generation über.

Der Austausch von Teilen zwischen zwei Chromosomen eines Paares kann an jeder Stelle der Chromosomen stattfinden. Bei einem Austausch gibt es keinen Gewinn oder Verlust von Erbsubstanz, sondern nur einen Austausch äquivalenter Chromosomenbestandteile. Einen solchen Austausch gibt es nicht nur zwischen den Genen, sondern auch innerhalb der Gene. Treffen in den zwei Chromosomen eines Individuums zwei beschädigte Varianten eines Gens zusammen, dann kann in einigen der Keimzellen durch einen Austausch innerhalb der Gene wieder ein normales Gen hergestellt werden, wenn der Schaden auf Veränderungen in verschiedenen Untereinheiten des Gens beruhte, so daß durch einen Austausch zwischen den beiden »schlechten« Stellen ein »gutes« normales Gen aufgebaut werden kann.

Die Chromosomen erscheinen in dieser Vorstellung als lineare, unverzweigte Objekte, auf denen die Gene und ihre Bestandteile in einer konstanten und charakteristischen Weise aufgereiht sind. Jedes Individuum besitzt alle Gene seiner Art in zwei Kopien. Aufgrund von Mutationen, die in der Geschichte der Art aufgetreten sind, können sich die Gene bei den einzelnen Individuen unterscheiden, wie etwa im Falle der Weißfell- und der Braunfell-Gene bei den Hasen.

Die Individuen können sich innerhalb einer Art in vielen genetischen Hinsichten unterscheiden. Zwei Schwestern oder zwei Brüder können sich in bis zu zehn Prozent ihrer Gene unterscheiden. Sehr viel stärker noch ist die genetische Abweichung zwischen verschiedenen, aber verwandten Arten. Ein direkter Nachweis ist nicht möglich, weil sich Kreuzungen zwischen Individuen unterschiedlicher Arten entweder nicht durchführen lassen oder zu keiner lebenden bzw. keiner fruchtbaren Nachkommenschaft führen. Doch konnten Genetiker die chemischen Unterschiede bestimmter Proteine untersuchen, die sich von den Mikroben bis zum Menschen erhalten haben, und daraus Schlüsse auf den Umfang der Evolution ziehen, die in den entsprechenden Genen stattgefunden hat. Es steht fest, daß Gene, von denen lebenswichtige Funktionen abhängen, sich über Hunderte von Jahrmillionen erhalten haben und funktional geblieben sind und daß die Mutationen, die sich während dieser Zeit ständig unter den Genen vollzogen haben, nur jene Teile verändert haben, die für ein wirksames Funktionieren nicht so entscheidend sind.

Es ist heute mit hinreichender Sicherheit erwiesen, daß alle Unterschiede zwischen den Arten die gleiche Grundlage haben wie Unterschiede innerhalb einer Art; sie beruhen auf Genunterschieden und unterliegen den Gesetzen der Genetik. Die charakteristische Verteilung der Haare auf dem Körper, durch die der Mensch sich von den übrigen Affen unterscheidet, sein einzigartiger Schädelumfang und die Gestalt seiner Hand und seiner Finger, die Form und die Farbe der Flügel und der Federn, durch die die zahllosen Vogelarten gekennzeichnet sind – alle diese Merkmale, die allen Mitgliedern einer Art gemeinsam sind, werden von einer Reihe von Genen bestimmt, die zusammenwirken und die Entwicklung der für die jeweilige Art typischen Körperstruktur steuern. Es gibt keinen Beweis und auch keine Notwendigkeit für die Annahme, daß es außer den genetischen Mutationen und Rekombinationen noch besondere Mechanismen gibt, durch die sich aus den bestehenden Arten neue entwickeln könnten. Eine neue Art entsteht dann, wenn eine Population einer gegebenen Art sich aus geographischen oder anderen Gründen so abweichend von der übrigen Art entwickelt, daß ihre Mitglieder mit den Angehörigen der ursprünglichen Art keine Nachkommenschaft mehr zeugen können.

Die Erkenntnisse über die Gene und ihre Rekombinationen gelten auch für einfache Organismen wie Amöben oder Bakterien, die durch bloße Teilung Kopien von sich herstellen. Aufgrund der bisher unzureichenden Untersuchungsmethoden ist die Genetik der Amöbe kaum bekannt. Von den Bakterien weiß man aber, daß sie Gene und Genstränge besitzen, die sich zumindest auf der molekularen Stufe wie die Gene und Chromosomen der Pflanzen und Tiere verhalten. Tatsächlich hat man den größten Teil der gegenwärtigen Erkenntnisse über die Struktur und Funktion der Gene an Bakterien gewonnen. Selbst die Viren weisen Gene und Mechanismen der Gen-Rekombination auf, die im wesentlichen denen der menschlichen Keimzellen entsprechen.

Betrachtet man das genetische Geschehen in seiner Gesamtheit, dann wird deutlich, daß man sich die Gene nicht als etwas Einfaches vorstellen darf. Auf der einen Seite ist ein Gen ein Element, dessen Vorhandensein in dem Chromosom – wie sich durch genetische Kreuzungen gezeigt hat – für bestimmte Merkmale des Organismus verantwortlich ist. Das Gen scheint sich also wie eine geschlossene Einheit zu verhalten. Auf der anderen Seite ist das Gen ein Bestandteil der linearen Struktur des Chromosoms, und dank dieser Tatsache können die zwei Kopien eines bestimmten Gens von verschiedenen Chromosomen zusammenkommen und Teile austauschen. Die Erkenntnis, daß auch die Gene aus vielen, linear angeordneten Untereinheiten bestehen, die durch Rekombination neu geordnet werden können, bedeutete einen ungeheuren Fortschritt in der Geschichte der Genetik. Sie bedeutete den Übergang von der formalen Genetik, der Untersuchung der erblichen Übertragung von Merkmalen und der entsprechenden Bestimmungsfaktoren, zur molekularen Genetik. Die Gene, die man zuvor als theoretische Konstrukte betrachtet hatte, mit deren Hilfe die formalen Regeln der Vererbung erklärt werden sollten, erwiesen sich tatsächlich als teilbare Elemente, d. h. als Elemente, deren materielle Zusammensetzung untersucht werden konnte.

Es besteht eine bemerkenswerte Ähnlichkeit zwischen der Geschichte der Genetik und der Geschichte von Physik und Chemie. Das Atom wurde zu einem Forschungsobjekt der Physiker, als man begriff, daß es nicht ein unteilbares Ganzes, sondern ein aus dem Kern und den Elektronen zusammengesetzter Komplex ist. Die wissenschaftliche Chemie begann, als man in den Molekülen, den kleinsten an chemischen Reaktionen beteiligten Substanzen, spezifische Atomverbindungen erkannte. Entsprechend begann die Molekulargenetik, als man erkannte, daß das Gen unterteilbar ist.

Die Phänomene der Genetik unterscheiden sich jedoch von denen der Physik und Chemie in einem entscheidenden Merkmal. Die Eigenschaften von Zellen und Organismen hängen von Elementen ab – den Genen –, die nur in einer oder in zwei Kopien vorhanden sind. In den Vorgängen, die von Physikern und Chemikern untersucht werden, spiegelt sich stets das durchschnittliche Verhalten vieler Einzelelemente, das aufgrund des Gesetzes der großen Zahl vorhersagbar ist. Die Genetik hat es aber nicht mit Phänomenen zu tun, die auf dem statistischen Verhalten einer bestimmten Menge von Gensubstanz beruhen; die Phänomene der Genetik erfordern statt dessen, daß all die Millionen verschiedener Gene in jeder Zelle mit deterministischer Genauigkeit erhalten bleiben. Das geschieht nicht in der Weise, daß zum Schutz vor einem statistischen Verlust von jedem Gen zahlreiche Kopien angefertigt würden; es wird vielmehr durch ein strenges System geleistet, das dafür sorgt, daß in jede Keimzelle nur eine Kopie von jedem Gen hineingelangt und daß bei jeder Zellteilung jedes einzelne Gen sich exakt verdoppelt. Dieser Mechanismus setzt ein Maß an Ordnung und organisierter Information voraus, das nirgendwo sonst in der Natur, nicht einmal in der Bewegung der Planeten anzutreffen ist.

Angesichts der physikalischen Tendenz aller organisierten Systeme zu wachsender thermodynamischer Unordnung ist es eines der entscheidenden Merkmale des Lebens, daß es ein hohes Maß an Ordnung aufrechtzuerhalten vermag. Diese Leistung beruht auf der Fähigkeit lebender Organismen, durch verschiedene, von den Genen kontrollierte chemische Aktivitäten Energie aus der Umwelt zu gewinnen. Daß wiederum die Gene sich zu erhalten und zu wirken vermögen – ihnen verdankt das Leben seine erstaunliche Fähigkeit der Selbsterhaltung und der Entfaltung –, liegt an den chemischen Eigenschaften der bemerkenswerten Substanz DNA, dem materiellen Grundstoff der Gene.

3 Das Gen

Das Genkonzept ist für die Biologie von zentraler Bedeutung; es stellt das Bindeglied dar zwischen der Evolutionslehre und der Physiologie, welche die Funktionsweise der Gene eines Organismus in einer gegebenen Umwelt untersucht. Durch die Gene ist den Funktionen eines Organismus insofern eine Grenze gesetzt, als von ihnen abhängt, was seine Zellen zu leisten vermögen. Eine Genveränderung kann unter Umständen eine Krankheit hervorrufen. Beim Menschen hängen von den unterschiedlichen Genen direkt oder indirekt seine Langlebigkeit, seine Begabungen und seine Fruchtbarkeit ab. Da der Fortpflanzungserfolg die Häufigkeit bestimmt, mit der die Gene eines Individuums auf die nachfolgenden Generationen übertragen werden, beeinflussen die Gene ihren eigenen evolutionären Erfolg.

Für eine Definition des Gens müssen die bereits erwähnten Merkmale der Gene, die eine Beschreibung des Gens zu erklären hat, untersucht werden.

Das erste Merkmal ist die Reproduktionsfähigkeit: Ein Gen muß sich bei jeder Zellteilung in identischer Gestalt reproduzieren, und selbst wenn ein Gen durch eine Mutation in seiner Struktur verändert worden ist, muß die veränderte

Form noch immer reproduktionsfähig sein. Das zweite Merkmal ist die Fähigkeit zur Rekombination: Jedes Gen muß in der Lage sein, sich präzise Punkt für Punkt mit einer anderen Kopie des gleichen Gens in einer solchen Weise zu verbinden, daß ein materieller Austausch zwischen den und innerhalb der Gene möglich wird. Das dritte Merkmal ist die Funktionsfähigkeit: Jedes Gen, das in einer oder in zwei Kopien in einer Zelle vorhanden ist, muß fähig sein, das Funktionieren der Zelle zu beeinflussen; zu den Funktionen der Gene muß also auch eine gewisse Verstärkerfunktion gehören.

Diese drei Merkmale legen für das Gen bereits eine bestimmte Struktur nahe. Damit sie sich exakt Punkt für Punkt kopieren lassen und exakt Punkt für Punkt verbinden können, müssen die Gene eine Form besitzen, welche die entscheidenden Strukturmerkmale nach außen hin offenbart, so daß sie sich mit dem entsprechenden Gegenstück paaren oder kopiert werden können. Eine solche offene Selbstdarbietung ist nur einer Linie oder einer Fläche möglich, nicht einem dreidimensionalen Festkörper. Man kann also davon ausgehen, daß die Gene entweder eine eindimensionale, also lineare, oder eine zweidimensionale Struktur besitzen. Diese Strukturformen können als *Matrizen* oder Formen dienen, denen neue Kopien nachgebildet werden können.

Zusätzlich zu den übrigen Merkmalen muß sich auch die bemerkenswerte Stabilität der Gene aus ihrer Struktur erklären lassen. Selbst wenn man berücksichtigt, daß sie sich reproduzieren, bleiben die Eigenschaften der Gene während des gesamten Lebenszeitraums einer Zelle erhalten. Bei menschlichen Nervenzellen bedeutet das beispielsweise, daß sie sich praktisch während der gesamten Lebensspanne erhalten, weil die Nervenzellen nach der ersten Kindheit keine Teilung und keine Kopierung ihrer Gene mehr durchmachen. Die Stabilität der Gene läßt sich nur daraus erklären, daß sie Moleküle sind, die von den gleichen chemischen Bindungen zusammengehalten werden, die auch die Atome solcher Moleküle wie Wasser, Alkohol oder Zucker aneinander binden. Diese Bindungen sind so stark, daß sie bei normalen Temperaturen kaum jemals zerbrechen. Die Gene haben eine molekulare Struktur – eine Struktur, die allen Genen gemeinsam ist und zugleich jedem einzelnen Gen seine Individualität ermöglichen, weil jedes Gen einzigartig und von allen übrigen Genen der gleichen Zelle verschieden sein muß.

Die Gene müssen natürlich sehr große Moleküle sein, die genügend Atome besitzen, damit eine große Vielfalt der Anordnung möglich wird. Sehr große organische Moleküle sind nur als *Polymere* möglich, bei denen viele Einheiten (oder *Monomere)* von einfacher Molekularstruktur in einer linearen Sequenz zusammengefügt sind. Es gibt repetitive und nicht-repetitive Polymere; die Zellulose der Pflanzen ist ein repetitives Polymer, das aus Ketten von identischen Glukose-Monomeren besteht, die immer in der gleichen Weise aneinandergefügt sind. Es liegt auf der Hand, daß solche gleichförmigen Moleküle nicht als Gene dienen konnten; sie enthalten nicht genügend Variationen – oder Information, wie die Biologen lieber sagen –, um die ungeheure Vielfalt der verschiedenen Gene zu ermöglichen.

Der Begriff der Information ist für das Verständnis der Gene von entscheidender Bedeutung. Ein Gen weist eine molekulare Struktur auf, die allein für dieses Gen charakteristisch ist und bei der Verdoppelung des Gens identisch nachgebildet werden muß. Für das Kopieren ist es erforderlich, daß das Gen als Matrize fungiert, also die Punkt-für-Punkt-Information für das Kopieren liefert – in der gleichen Weise, wie beim Gießen einer Skulptur eine Gußform die Information liefert. Beim Gießen haben aber die Gußform und der Kopierapparat eine unterschiedliche Rolle; der Apparat liefert das allgemeine, unspezifische Know-How für das Eingießen des Metalls und das Festhalten der Gußform in ihrer Position. Die Gußform liefert die einmalige, spezifische Information, aus der diese und keine andere Skulptur wird – eine Information, die in den zahllosen Details der Matrizenoberfläche verkörpert ist.

Polymere Moleküle können sowohl als Matrizen für ihre eigene Replikation dienen als auch dazu, daß nach ihren Anweisungen andere Moleküle aufgebaut werden. Zwei Gruppen von polymeren Substanzen, die in allen Fällen vorhanden sind – die Proteine und die Nukleinsäuren –, liefern die Voraussetzung der für die Gene erforderlichen Vielfalt. Die Proteine und die Nukleinsäuren enthalten sehr viel mehr Information als eine Substanz, wie sie etwa die Zellulose darstellt, weil ihre Moleküle aus sehr vielen verschiedenen Einheiten bestehen, die an einem gleichförmigen, linearen Strang aufgereiht sind, allerdings nicht in einer gleichförmigen, sich wiederholenden Anordnung, sondern in einer ungeheuren Vielfalt von Sequenzen. In diesen Sequenzen ist die Information der Gene verkörpert.

Die Abfolge der Einheiten in diesen Polymeren kann man mit der Abfolge der Buchstaben in einer sprachlichen Niederschrift vergleichen. Aus den 26 Buchstaben des englischen Alphabets läßt sich beispielsweise durch unterschiedliche Anordnung eine riesige Zahl verschiedener Wörter bilden. Die Proteine und Nukleinsäuren sind Sprachmoleküle. Das Alphabet der Proteine besteht aus 20 verschiedenen Buchstaben oder Monomeren, die als *Aminosäuren* bezeichnet werden. Die Moleküle eines Proteins, beispielsweise des Insulins oder des Hämoglobins, bestehen aus einer oder mehreren linearen Ketten von Aminosäuren, wobei eine Kette gewöhnlich zwischen 50 und 1000 Einheiten enthält. Der Faden ist bei diesen verschiedenen Ketten gleich; nur sind die einzelnen Aminosäuren bei verschiedenen Proteinen in unterschiedlichen Sequenzen angeordnet. In Analogie zur Sprache kann man sich das Molekül eines bestimmten Proteins als die Entsprechung eines Wortes oder eines Satzes vorstellen. Da alle Moleküle eines bestimmten Proteins identisch sind, entspricht die Zubereitung von reinem Hämoglobin einer Serie von Millionen oder Milliarden identischer Wörter.

Auch die Nukleinsäuren stellen Sprachmoleküle dar, doch enthält ihr Alphabet nur vier Einheiten, die sogenannten *Nukleotide*. Jedes Nukleotid besteht aus einer Base, einem Zucker und Phosphat. Es gibt zwei verschiedene Formen der Nukleinsäure, die DNA und die RNA, die sich in mehreren Punkten unterscheiden. Bei der DNA hat der Zucker die Form der Desoxyribose, bei der RNA diejenige der Ribose. Der Zucker und das Phosphat stellen das Rückgrat dar, die vier an dieses Rückgrat angeknüpften Basen bilden das Alphabet der Nukleinsäure-Sprache; bei der DNA sind es Adenin (A), Guanin (G), Cytosin (C) und Thymin (T), die RNA besitzt anstelle des Thymin Uracil (U).

Zwar sind sowohl die Proteine als auch die Nukleinsäuren Sprach-Polymere, doch besitzen sie offensichtlich einen unterschiedlichen Informationsgehalt. Das aus vier Buchstaben bestehende Alphabet der Nukleinsäuren gestattet nicht so viele Kombinationen, nicht so viele Wörter wie das aus 20 Buchstaben bestehende Alphabet der Proteine. Aus einem Alphabet von 20 Buchstaben lassen sich 20^4 oder 160 000 Sequenzen von vier Buchstaben bilden, aus einem Alphabet von vier Buchstaben nur 4^4 oder 256. Das stellt jedoch keine Schwierigkeit dar, denn bei einem ärmeren Alphabet läßt sich die

Vielfalt durch längere Wörter erreichen. Wenn vier Buchstaben zur Verfügung stehen, lassen sich 4^5 oder 1024 Wörter mit fünf Buchstaben, 4096 Wörter mit sechs Buchstaben, 16 000 Wörter mit sieben, 64 000 Wörter mit acht und über 200 000 Wörter mit neun Buchstaben bilden.

Bei diesen Überlegungen gehen wir von der Annahme aus, daß die Information der Gene – d. h. die in ihrer Reproduktion und ihrer Funktion zum Ausdruck kommende Einmaligkeit der Genstruktur – durch die Sequenz der chemischen Einheiten in einem polymeren Molekül festgelegt ist. Diese Annahme ist richtig.

Ursprünglich glaubte man, die chemische Substanz der Gene bestünde aus Proteinen, weil man irrtümlich die Nukleinsäuren für repetitive Polymere hielt, in denen ATGC oder AUGC einander immer wieder in der gleichen Anordnung folgten. Diese Vorstellung erwies sich jedoch als falsch, und schließlich übernahm in dem Kampf um die Rolle der Erbsubstanz die DNA die Führung, weil sie einerseits in allen Chromosomen vorgefunden wurde und andererseits in allen Zellen eines bestimmten Organismus in einer konstanten Menge vorhanden war, wie man es von einer Erbsubstanz erwartete.

Eine entscheidende Entdeckung gelang im Jahr 1943 dem Bakteriologen Oswald T. Avery (1877–1956) mit der Feststellung, daß die bestimmten Bakterien entnommene DNA in andere bakterielle Zellen eindringen und sie »transformieren« konnte, ihnen einige der Eigenschaften jener Bakterien übertragen konnte, von denen die DNA stammte. Später erkannte man, daß die eindringende DNA tatsächlich an die Stelle der DNA des Empfänger-Bakteriums tritt. Ein Gen kann also in eine Zelle eindringen und das vorhandene Gen verdrängen. Heute weiß man, daß die Gene aller Organismen und nicht nur die der Bakterien aus DNA bestehen. Eine Ausnahme bilden einzig bestimmte Viren, deren Gene aus RNA, dem anderen Nukleinsäure-Typus, bestehen.

Als die chemische Natur der Erbsubstanz festgestellt war, bestand der nächste Schritt zu einem Verständnis des Gens darin, die Struktur der DNA-Moleküle zu klären und herauszufinden, wie sie denn tatsächlich aussehen und wie ihre Atome und Atomgruppen räumlich angeordnet sind. Da alle Funktionen eines Moleküls von seinen chemischen Reaktionen mit anderen Molekülen abhängig sind, muß sich in den Funktionen der Gene – darunter auch ihre Replikation bei jeder Zellteilung – die Anordnung ihrer Atome und die Fähigkeit dieser Atome äußern, mit den Atomen anderer Moleküle in einen spezifischen Kontakt zu treten.

Die Struktur eines Moleküls läßt sich jedoch nicht optisch enthüllen – nicht einmal mit einem Elektronenmikroskop mit 100 000-facher Vergrößerung. Das Elektronenmikroskop wird bestenfalls die äußere Gestalt großer Moleküle, die Fadenform der DNA und die Kugelform des Proteins erkennen lassen. Auch das beste Elektronenmikroskop wird nicht die Abstände zwischen den Atomen erfassen, die sich in der Größenordnung von wenigen Milliardstel Zentimetern bewegen.

Bei einfachen Verbindungen ist es nicht allzu schwierig, die chemische Struktur und Anordnung der Atome zu bestimmen; in der Regel reicht es aus, wenn die atomare Zusammensetzung, das Molekulargewicht und das Vorhandensein von spezifischen Reaktionsgruppen festgestellt wird. Bei Großmolekülen wird die chemische Analyse jedoch kein Gesamtbild ergeben. Bei Polymeren wie den Proteinen und den Nukleinsäuren kommt es nicht nur auf die Anordnung der Atomgruppen in der Polymerkette, sondern auch auf die räumliche Anordnung dieser Ketten an. Wenn die Ketten aufgebaut sind, falten sie sich und treten in einer solchen spezifischen Weise zueinander, daß verschiedene Teile einer Kette oder von verschiedenen Ketten einander gegenüberstehen und sich verbinden, und erst daraus ergibt sich die endgültige Gestalt des Moleküls. Die chemischen Bindungen, die diese Faltung bewirken, sind schwach genug, daß die Ketten sich an einzelnen Stellen entfalten können, so daß Änderungen der Gesamtstruktur möglich sind. Diese Riesenmoleküle sind infolgedessen keine starren Festkörper, sondern relativ plastische, flexible Festkörper, die sich je nach Bedarf öffnen und schließen können.

Die vollständige, dreidimensionale Anordnung der Atome eines Großmoleküls kann nur in mühsamer Kleinarbeit enthüllt werden. Die beste Methode besteht in einer Analyse der Brechung von Röntgenstrahlen; die Anordnung der Atome und Atomgruppen in den Molekülen einer Substanz läßt sich aus dem Brechungsbild entnehmen, das entsteht, wenn Röntgenstrahlen ein Kristall dieser Substanz durchlaufen haben. Wenn der Stoff nicht in kristalliner Form zur Verfügung steht, kann man die Untersuchung auch an einer Faser vornehmen. Doch selbst wenn man sich der Röntgentechnik und zur Datenanalyse der Schnellrechner bedient, sind oft Jahre vonnöten, bis die Struktur eines einzigen Proteins wie etwa des Hämoglobins im einzelnen aufgeklärt ist, und wenn man schließlich die dreidimensionale Struktur von einem, zwei oder zehn Proteinen erkannt hat, zeigt es sich, daß man damit noch nicht sonderlich viel über die allgemeine Struktur der Proteine weiß. Zwar bestehen alle Proteine aus Aminosäure-Ketten, die in der gleichen Weise zusammengefügt sind; doch wenn diese Ketten einmal beginnen, sich zur Herstellung der größtmöglichen Zahl chemischer Bindungen zu falten und einzurollen, nehmen sie eine beinahe unbegrenzte Vielfalt von Gestalten an. Man kann diese Gestaltungen deshalb nicht unberücksichtigt lassen, weil sich aus ihnen die chemischen Oberflächen ergeben, denen das jeweilige Protein seine Funktion entweder als chemischer Katalysator oder als Strukturbestandteil einer Zelle verdankt. Mit Hilfe von Schnellrechnern wird es sicher einmal möglich sein, aus der Aminosäure-Sequenz eines Proteins seine definitive Gestalt und seine chemischen Aktivitäten vorherzusagen. Bis es jedoch soweit ist, wird der Chemiker die Proteine noch eines nach dem anderen erforschen müssen.

Glücklicherweise ist die Situation bei der DNA, dem Material der Gene, einfacher. Beinahe alle Typen der DNA besitzen eine gemeinsame molekulare Struktur – die berühmte von Watson und Crick vermutete Doppelhelix, eine Struktur, die erstaunlich einfach und doch den Aufgaben einer Erbsubstanz bemerkenswert gut angepaßt ist. Erst als man diese Struktur und ihre Bedeutung für die Reproduktion und die Funktion der Gene verstanden hatte, wurden die eindrucksvollen Fortschritte der molekularen Biologie in den letzten zwanzig Jahren möglich.

In der Form, wie sie in den Chromosomen der Zellen existiert, besteht die DNA aus zwei polymeren Strängen, die sich schraubenförmig (helikal) umeinander drehen, der sogenannten Doppelhelix (s. Abb. S. 62). Wie schon erwähnt, besteht jeder Strang aus einem Rückgrat, das aus Zucker-Phosphat-Verbindungen gebildet wird, und den vier Basen A, T, G und C, die in vielen unterschiedlichen Sequenzen angelagert sind. Die beiden Stränge, aus denen die Doppelhelix besteht, sind nicht unabhängig voneinander. Ihre jeweiligen Basensequenzen sind komplementär und beruhen auf einem spezifischen Verhältnis der Basen A, G, T und C zueinander. Regelmäßig besteht eine Komplementarität und eine chemische Bindung zwischen einem A auf dem einen Strang und einem T auf dem anderen

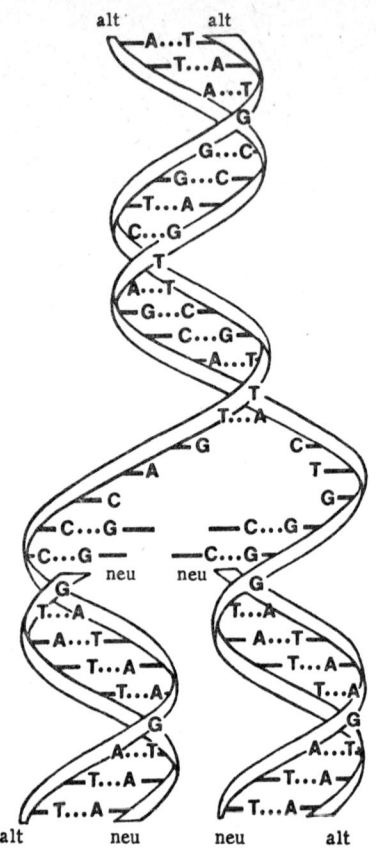

Die Doppelhelix-Struktur der DNA und ihre Replikation

Die Bänder stellen das Rückgrat der DNA-Stränge dar, gebildet aus Zucker- und Phosphatgruppen in alternierender Folge (hier nicht dargestellt). Die beiden Stränge werden durch schwache Bindungen (...) zwischen den Nukleinsäure-Basen A, G, C und T gemäß den Paarungsregeln A ... T und G ... C zusammengehalten. Im unteren Teil der Darstellung wird gezeigt, wie durch Replikation aus der DNA-Doppelhelix zwei Doppelhelices werden; dieser Vorgang setzt sich nach oben fort. Man beachte, daß die beiden resultierenden Doppelhelices je einen alten und einen neugebildeten Strang enthalten. (Nach James D. Watson, ›Molecular Biology of the Gene‹)

sowie zwischen G und C. Dementsprechend enthält die Doppelhelix die Information ihrer Sprachsymbole nicht nur einmal, sondern zweimal, einmal auf jedem Strang. Ist beispielsweise die Sequenz auf dem einen Strang AATACGAG ..., dann muß auf dem anderen Strang die Sequenz TTATGCTC ... sein. Die spezifischen gegenseitigen Anziehungskräfte zwischen A und T sowie zwischen G und C halten die DNA-Doppelhelix zusammen, und zwar mit ganz präzisen molekularen Abständen, weil die chemischen Bindungen zwischen den Basenpaaren G–C und A–T, die man als *Wasserstoffbrücken* bezeichnet, eine ganz bestimmte chemische Ausdehnung besitzen.

Diese Wasserstoffbrücken stellen jedoch schwache Bindungen dar, sehr viel schwächere als jene, die die Atome in der Struktur der DNA-Stränge binden. Das ist von grundlegender biologischer Bedeutung. Die beiden Stränge einer Doppelhelix, von denen jede die vollständige Information des genetischen Materials trägt, können sich relativ leicht trennen, ohne daß die Stränge deshalb zerbrechen müßten, und die getrennten Stränge können sich entweder wieder miteinander verbinden oder sich mit jedem anderen Strang paaren, der die entsprechende komplementäre Basensequenz aufweist.

Aus diesen Eigenschaften der DNA wird unmittelbar verständlich, wie das Kopieren einer DNA-Doppelhelix funktioniert: Wenn ein Strang sich von dem anderen löst, wird dadurch seine Basensequenz AACTGG ... als Matrize verfügbar, nach der ein komplementärer Strang TTGACC ... aufgebaut werden kann, indem die entsprechenden Prekursor-Monomere aufgereiht und anschließend zu einem Strang vereinigt werden. Wie die vorhergehende Abbildung zeigt, werden aus einer Doppelhelix zwei Doppelhelices, die sich beide von der ursprünglichen nicht unterscheiden lassen. Wenn dem Paarungsmechanismus ein chemischer Fehler unterläuft – eine Fehlpaarung –, dann hat sich eine Mutation vollzogen.

Es ist zu beachten, daß die DNA-Stränge lediglich als Matrizen dienen; die tatsächliche Zusammensetzung der Prekursoren zu neuen Strängen besorgen sie nicht; diese Funktion wird von einer Reihe von Katalysatoren wahrgenommen, deren Wirken von der Basensequenz unbeeinflußt ist. Die Rollen sind so verteilt wie beim Gießen einer Skulptur, wo die Matrize die Information und der Apparat das Know-How liefert.

Das Prinzip der komplementären Paarung von Nukleinsäure-Basen gilt nicht nur bei der Replikation der DNA. Die Funktion jedes einzelnen Gens besteht darin, daß es die Synthese eines sogenannten Boten-Moleküls steuert – eines RNA-Stranges, der dem einen oder dem anderen der beiden DNA-Stränge jenes Gens komplementär ist, aber nicht beiden. Die DNA-Doppelhelix entfaltet sich bei einem bestimmten Gen oder einer Gruppe von Genen und macht dadurch ihre Basensequenz als Matrize verfügbar, an der sich die Monomere für die RNA anlagern können, die dann durch eine besondere Gruppe von Katalysatoren zur messenger-RNA verbunden werden. Ein RNA-Molekül enthält deshalb die Information jener Gene, die als Matrizen für seine Synthese dienten. In Analogie zu dem Vorgang, bei dem eine Reihenfolge von Wörtern aus einer Schriftart in eine andere – beispielsweise aus der Kursivschrift in die Druckschrift – übertragen wird, bezeichnet man diesen Vorgang als Transkription und den RNA-Boten als das Transkript der entsprechenden DNA. Die messenger- oder Boten-RNA wandert anschließend in die entsprechenden Teile der Zelle, wo sie die Herstellung von Proteinen dirigiert. Das Prinzip der komplementären chemischen

Paarung gilt auch für den später zu erörternden Mechanismus, durch den die RNA die Synthese der Proteine steuert.

Soweit man weiß, stellt das Prinzip der komplementären Paarung zwischen Sequenzen von Nukleinsäure-Basen den einzigen Mechanismus dar, der für die spezifische Informationsübertragung in lebenden Zellen zur Verfügung steht. Das sogenannte Dogma der Molekularbiologie lautet kurz so: Die Information fließt von der Nukleinsäure zum Protein und nicht umgekehrt. Die Proteine sind das Endprodukt der Gene. Sie fungieren als Katalysatoren für die chemischen Aktivitäten der Zelle und darüber hinaus in zahlreichen anderen Eigenschaften, doch können sie nicht als Matrize für die Herstellung von weiterem Protein oder weiterer Nukleinsäure dienen. Bei der Herstellung der Proteine wird die in der Basensequenz einer Nukleinsäure verkörperte Information in die Sequenz von Aminosäuren des jeweiligen Proteins übersetzt. Die in der Sequenz der Aminosäuren enthaltene Information ist jedoch nicht übersetzbar; sie bestimmt lediglich die Form des Proteins und damit seine Funktion. Unter dem Gesichtspunkt der Information stellen die Proteine eine Sackgasse dar. Das erklärt sich folgendermaßen: Eine Matrize muß ihre Information in einer verwertbaren Form darbieten. Die Doppelhelix der DNA entfaltet sich und ermöglicht dadurch, daß die in der linearen Abfolge ihrer Symbole enthaltene Information übertragen wird. Das gleiche gilt für die RNA, weil sie ein lineares Transkript eines DNA-Stranges ist. Mit den Proteinen verhält es sich jedoch anders. Sie bestehen zwar auch aus linearen Ketten von Aminosäuren in zahlreichen verschiedenen Anordnungen, doch bilden diese Ketten verwickelte Strukturen, die jeweils für ein Protein kennzeichnend sind. Damit die informationshaltige Sequenz ihrer Aminosäuren verfügbar würde, müßten sich die Proteine zu einer linearen

Struktur entfalten – ein Vorgang, der nur sehr langsam und unter besonderen Bedingungen rückgängig zu machen ist. Es gibt darüber hinaus weitere biochemische Unterschiede, die eine Matrizenfunktion der Proteine äußerst unwahrscheinlich machen. Es ist nicht ausgeschlossen, daß in einer Frühphase der Evolution des Lebens auf der Erde primitive Proteine die Evolution von Nukleinsäure-Genen durch eine Übertragung ihrer eigenen Information gesteuert haben, doch sind derartige Mechanismen, falls sie jemals existiert haben, anscheinend verlorengegangen.

Wenn wir uns nun wieder dem Gen und der DNA zuwenden, müssen wir die Frage prüfen, ob das Gen ein DNA-Molekül ist. Wenn man unter einem Molekül nach der Definition der Chemiker ein besonderes Partikel versteht, das die kleinste, an einer chemischen Reaktion teilnehmende Menge einer Substanz darstellt, so ist die Antwort nein. Die aus Zellen extrahierte DNA besteht aus Strängen von enormer Länge. Ein Bakterium besitzt beispielsweise 3000 oder 4000 Gene, die alle einer einzigen DNA-Doppelhelix angehören. Auch bei den meisten Viren sitzen die gesamten Gene in einem einzigen Nukleinsäure-Molekül. Jedes einzelne Chromosom in den Zellen von Pflanzen und Tieren enthält viele DNA-Helices, die wiederum Hunderte oder Tausende von Genen aufweisen. Das bedeutet, daß ein gegebenes Gen ein Segment aus einem langen DNA-Stück ist, so wie ein Wort ein Segment eines Satzes und ein Satz ein Segment eines Buches ist. Daraus ergibt sich eine weitere Schlußfolgerung: Anfang und Ende eines jeden Gens müssen innerhalb der DNA-Doppelhelix durch besondere Signale gekennzeichnet sein. Es gibt jedoch in der DNA keine anderen Signale als die Sequenz der vier Basen; die besonderen Signale müssen also in dieser Sequenz aufgezeichnet sein. Das Gen ist deshalb eine Portion eines

DNA-Stranges, die eine spezifische Botschaft erzeugen kann und darüber hinaus an ihren Enden durch spezifische Sequenzen der Symbole A, T, G und C abgegrenzt ist. Diese Signalsequenzen müssen den Mechanismen, welche die genetische Botschaft transkribieren und übersetzen, an bestimmten Stellen Start- und Stoppanweisungen erteilen.

Die Signale, die Anfang und Ende eines Gens anzeigen, spielen bei der Replikation der DNA keine Rolle. Die Replikation der Doppelhelix zu zwei Doppelhelices beginnt an einem Punkt des DNA-Stranges und setzt sich im allgemeinen in beide Richtungen fort, bis die Enden erreicht sind. In der lebenden Zelle folgt der Selbstverdoppelung der DNA stets die Zellteilung, und dabei erhält jede der beiden Tochterzellen jeweils eine Helix von jedem DNA-Doppelstrang. Bei Bakterien bedeutet das ganz einfach, daß an jede Tochterzelle eine Kopie der Helix geht. Bei Zellen, die viele Chromosomen mit jeweils vielen Helices enthalten, sorgt der als Mitose bezeichnete und in molekularer Hinsicht noch unklare komplizierte Mechanismus der Zellteilung dafür, daß jede Tochterzelle von jeder Helix eine Kopie erhält. Bei der Mitose wird von jedem Chromosom jeweils eine Kopie durch Proteinfasern zu einem der beiden Pole der Zelle gezogen, und anschließend teilt sich die Zelle. Es liegt auf der Hand, daß eine geordnete Teilung der DNA bei der Zellteilung für die Aufrechterhaltung der Konstanz der genetischen Ausstattung der Zellen wesentlich ist. Die Verteilung der DNA-Stränge läßt sich experimentell durch Substanzen feststellen, die radioaktive Atome enthalten und nach der Einführung in Zellkulturen Bestandteil der DNA werden. Diese Atome bleiben auch bei der Zellteilung in der DNA erhalten und zeigen durch ihre Radioaktivität an, daß die einzelnen DNA-Stränge ungeteilt erhalten bleiben und genau in der Weise auf die Tochterzellen verteilt werden, wie man es nach dem Duplikationsschema der DNA-Doppelhelices erwartet hat.

Es ist offenbar für das Leben wesentlich, daß die DNA intakt erhalten bleibt. Es gibt – von den Bakterien bis zum Menschen – in jeder Zelle biochemische Mechanismen, welche die Schäden reparieren können, die zwar selten, aber unvermeidlich in den DNA-Molekülen auftreten – sei es durch Irrtümer bei der Synthese, durch Strahlungseinwirkung oder durch andere Zufälle. Diese Reparatursysteme sind in der Lage, zerbrochene DNA-Stränge wieder zusammenzufügen; sie können benachbarte Basen, die durch Strahlungseinwirkung miteinander verklammert wurden, wieder freisetzen, und sie vermögen beschädigte Teile eines Stranges herauszuschneiden und durch Kopieren des entgegengesetzten Stranges zu ersetzen. Vielleicht ist die Tatsache, daß diese normale Reparatur gelegentlich mißlingt, eine wichtige Ursache von Mutationen und damit ein bedeutender Faktor der Evolution. Es kann ernste Folgen haben, wenn das Reparatursystem nicht funktioniert. Beim Menschen gibt es eine Erbkrankheit – die Xeroderma pigmentosum –, die durch einen genetischen Defekt in einem DNA-Reparatursystem hervorgerufen wird. Die davon Betroffenen können starkes Sonnenlicht nicht vertragen; ihre Hautzellen werden sehr leicht beschädigt, und häufig entwickelt sich bei ihnen Hautkrebs. Was ihnen fehlt, ist der normale Mechanismus, der alle oder doch beinahe alle DNA-Moleküle repariert, die durch die ultravioletten Strahlen des Sonnenlichts beschädigt wurden.

Einige Viren können als genetische Kuriositäten gelten, weil ihre Gene nicht aus DNA, sondern aus RNA bestehen. Ein Virus ist ein Organismus, der sich in den Zellen anderer Organismen vermehrt und oft Krankheiten hervorruft. In ihrer extrazellulären Form als sogenannte Virusteilchen bestehen die meisten Viren aus einem Nukleinsäure-Molekül – entweder DNA oder RNA –, das von einer oder von mehreren Schichten von Proteinen umgeben ist. Einige RNA-Viren – darunter der Poliovirus – haben einen recht einfachen Reproduktionsmechanismus: Das Virus dringt in eine geeignete Zelle ein, stellt ein Enzym her, das die RNA des Virus kopiert, und bildet die Proteine, mit denen die neugebildete Virus-RNA eingehüllt und zu neuen Virusteilchen werden kann. Wenn die Zelle stirbt, werden diese Teilchen frei.

Andere RNA-Viren durchlaufen allerdings ein komplizierteres Programm. Die RNA dringt in die Zelle ein und stellt einen DNA-Strang her, der der Virus-RNA komplementär ist. Hier wird also – im Gegensatz zur üblichen Situation – das Mittel der komplementären Sequenz dazu benutzt, die Information von der RNA auf die DNA zu übertragen. Darüber hinaus ist die Virus-DNA imstande, DNA–DNA-Doppelhelices herzustellen, weitere Virus-RNA zu produzieren und sich sogar innerhalb der Zelle unter den Genen der Chromosomen einzurichten. Viren, die einen derartigen Informationstransfer von der RNA zur DNA zeigen, rufen unter anderem Leukämie und andere Krebskrankheiten bei Tieren hervor. Die von dem Virus produzierte DNA kann, wenn sie in die DNA der Zellchromosomen einzudringen vermag, von dort aus die Umwandlung der normalen Zelle in eine Krebszelle bestimmen. Einige Wissenschaftler sind der Auffassung, daß bestimmte, beim Menschen spontan auftretende Krebskrankheiten – besonders Leukämie – unter Umständen auf virale Gene zurückzuführen sind, die viele Generationen lang in den Chromosomen von Menschen begraben waren und unter dem Einfluß von Stimuli, die man noch nicht kennt, wieder in Funktion treten.

4 Gene in Aktion

Aus einem befruchteten menschlichen Ei entsteht ein vollständiger erwachsener Organismus mit Millionen oder Milliarden von Zellen, die viele verschiedene Strukturen und
Funktionen aufweisen. Der komplizierte, aber präzise Vorgang, durch den die unterschiedlichen Zellen und Organe mit
ihren verschiedenen Funktionen entstehen und sich differenzieren, wird in irgendeiner Weise durch das Know-How der
Gene gesteuert. Das ließe sich einleuchtend durch die Annahme erklären, daß unterschiedliche Zellen sich quantitativ und
qualitativ in ihrem genetischen Material unterscheiden, daß
verschiedene Zellen von den gesamten Genen, die in dem
befruchteten Ei vorhanden waren, während der Differenzierung gewisse spezifische Teile verlieren. Diese Erwägung
ist jedoch experimentell widerlegt worden. Alle Zellen eines Organismus, etwa des Menschen, besitzen die gleichen
Gene.

Die Differenzen zwischen den unterschiedlichen Zellen
müssen also in der Funktionsweise der Gene begründet sein.
Die Differenzierung – die Entfaltung des Programms, das
in dem genetischen Material des Organismus festgelegt ist –
muß sich als eine geordnete Abfolge von Ereignissen vollzie-

hen, welche die Aktivität verschiedener Gene regulieren. Bevor wir uns jedoch der Frage zuwenden, wie dieses Programm ins Werk gesetzt wird, müssen wir wissen, wie die Gene arbeiten und wie sie den Zellen die Instruktionen übermitteln, die in der Reihenfolge der chemischen Symbole der DNA verkörpert sind. Interessanterweise sind die meisten Erkenntnisse, die wir gegenwärtig über dieses Thema besitzen, nicht durch die Untersuchung komplexer Organismen mit vielen unterschiedlichen Zelltypen gewonnen worden, sondern an Bakterien, und zwar nicht in der Weise, daß man untersucht hätte, wie ein und dasselbe Gen in verschiedenen Zellen eines einzigen Organismus funktioniert, sondern indem man beobachtete, wie die Gene eines Bakteriums auf die Bedürfnisse des Organismus reagieren, wenn man die Bakterien verschiedenen Umgebungen aussetzte.

Wie bereits erklärt wurde, besteht die DNA aus zwei Strängen von Nukleotiden, deren vier Symbole A, G, T und C in allen erdenklichen Reihenfolgen aneinandergereiht sind und die Information der Gene repräsentieren. Bei den Proteinen ist die lineare Information in den Symbolen von zwanzig verschiedenen Aminosäuren verschlüsselt. Durch genetische und chemische Untersuchungen wurde zweifelsfrei bewiesen, daß zwischen dem linearen Bild eines Gens und dem chemischen Bild eines Proteins ein Zusammenhang besteht; das heißt, daß Mutationen, die bei einem durch genetische Kreuzung gewonnenen Gen zu verschiedenen, linear angeordneten Veränderungen führen, Veränderungen in den Aminosäuren hervorrufen, die in der linearen Kette des entsprechenden Proteins an einer vergleichbaren Stelle angesiedelt sind. Ein Gen erzeugt also dadurch eine Proteinkette, daß es aus der Sequenz der Nukleotide Information auf die Sequenz der Aminosäuren überträgt. Eine Mutation an einer bestimmten Stelle des Gens verändert gewöhnlich eine bestimmte Aminosäure. Nunmehr ist zu erörtern, mit welchem bemerkenswerten Mitteln sehr früh in der Geschichte der Evolution dieser Vorgang der Informationsübermittlung vervollkommnet wurde.

Wenn jeder der zwanzig Buchstaben des Protein-Alphabets von Symbolen des DNA-Alphabets repräsentiert werden soll, dann sind mehrere Symbole nötig. Die Symbole der DNA sind die Nukleotid-Basen A, G, T und C. Nimmt man jeweils zwei von ihnen, dann bieten diese Nukleotide nur 4^2 oder 16 Permutationen – und das genügt nicht. Um jede der zwanzig Aminosäuren zu verschlüsseln, sind mindestens drei Nukleotide nötig. Drei Nukleotide ermöglichen 4^3 oder 64 Permutationen. Von den 64 möglichen Tripletts von Nukleotiden werden tatsächlich 61 dazu benutzt, Anweisungen für die Bildung von Aminosäuren zu vermitteln. Die meisten Aminosäuren können also in den Genen durch mehr als eine Gruppe von Symbolen repräsentiert sein, so wie für das englische Wort »man« im Lateinischen *vir* oder *homo* stehen kann. Die Gesamtheit der Nukleotid-Symbole, die den einzelnen Aminosäuren entsprechen, wird *genetischer Code* genannt.

In 15jähriger Forschungsarbeit ist hinlänglich geklärt worden, daß bei allen untersuchten Organismen der genetische Code ein Triplett-Code ist, in dem drei Nukleotide zusammen – als *Codon* – für eine Aminosäure stehen. Das Erstaunliche daran ist, daß der in der Übersicht gezeigte Code bei allen Organismen – von den Viren über die Bakterien bis zum Menschen – der gleiche ist. Man hätte mit Recht erwarten können, daß die Bestandteile des Code sich in Jahrmilliarden viele Male verändert haben, daß einige Teile des Wörterbuchs, welches die Sprache des Gens in die Sprache der Proteine übersetzt, sich entwickelt und vervollkommnet haben, doch das ist nicht der Fall.

Eine interessante, wenn auch nur partielle Erklärung bestünde darin, daß die Evolution die Organismen auf die Funktionstüchtigkeit ihrer Proteine hin testet – hauptsächlich in ihrer Funktion als Katalysatoren oder *Enzyme* für chemische Reaktionen. Wenn eine oder einige wenige Aminosäuren verändert werden, kann die Funktionstüchtigkeit eines Proteins erhalten bleiben, zerstört werden oder gelegentlich auch verbessert werden. Wenn der genetische Code der Evolution unterliegen sollte, dann müßte es zu einem Eingriff kommen, der dafür sorgte, daß ein Wort in der DNA-Sprache in eine andere als die ursprüngliche Aminosäure übersetzt würde. Würde aber ein solcher Eingriff durch eine Mutation hervorgerufen, dann würde nicht nur ein Protein, es würden alle Proteine verändert, und zwar nicht nur an einem, sondern an vielen Punkten ihrer Struktur. Eine Veränderung des Übersetzungsmechanismus würde nicht die gleichen Folgen haben wie eine Veränderung bei nur einem Gen, sondern sie würde bedeuten, daß in allen Genen Veränderungen auftreten. Eine solche Veränderung würde für alle Proteine des Organismus verheerende Folgen haben, genauso wie ein Fehler in der Setzmaschine ein englisch-lateinisches Wörterbuch völlig nutzlos machen würde. Kein Enzym könnte funktionieren, und die gesamte Struktur des Organismus würde zerfallen. Mutationen, die den Übersetzungsmechanismus verändern würden, wären letal. Es läßt sich in der Tat nur mit den katastrophalen Folgen derartiger Mutationen erklären, daß von den ersten Organismen bis zu den heutigen Lebewesen der genetische Code so konservativ geblieben ist.

Von den 64 möglichen Codons der DNA stehen 61 für Aminosäuren. Es werden aber außer für die Aminosäuren auch Codons für Start- und Stoppsignale benötigt, damit Proteinketten entstehen, die an bestimmten Punkten mitten auf

Einundsechzig der vierundsechzig möglichen Codons oder Tripletts, d. h. Kombinationen aus drei Symbolen (aus Nukleotiden der Boten-RNA), bestimmen entsprechende Aminosäuren. Einige Aminosäuren werden durch nur ein Codon, andere durch bis zu sechs Codons bestimmt. Für jedes Codon gibt es ein entsprechendes Anticodon auf dem Aminosäure-tragenden Adaptermolekül. Das Signal für den Beginn der Proteinsynthese ist eine teilweise bekannte Sequenz von Symbolen, die mit AUG, dem Symbol für Methionin, endet; folglich steht am Anfang aller Proteine die Aminosäure Methionin. Die drei restlichen Codons sind Stoppsignale, die jeweils die Loslösung der Proteinkette vom Syntheseapparat bewirken.

Aminosäure	*Codons auf der RNA*
Phenylalanin	UUU, UUC
Serin	UCU, UCC, UCA, UCG, AGU, AGC
Leucin	UUA, UUG, CUU, CUC, CUA, CUG
Tyrosin	UAU, UAC
Cystein	UGU, UGC
Tryptophan	UGG
Prolin	CCU, CCC, CCA, CCG
Histidin	CAU, CAC
Glutamin	CAA, CAG
Arginin	CGU, CGC, CGA, CGG, AGA, AGG
Isoleucin	AUU, AUC, AUG
Threonin	ACU, ACC, ACA, ACG
Asparagin	AAU, AAC
Lysin	AAA, AAG
Methionin	AUG
Valin	GUU, GUC, GUA, GUG
Alanin	GCU, GCC, GCA, GCG
Asparaginsäure	GAU, GAC
Glutaminsäure	GAA, GAG
Glycin	GGU, GGC, GGA, GGG
Einleitung der Synthese	(.. ? .. AUG)
Beendigung der Synthese	UAA, UAG, UGA

der Nukleinsäure-Matrize anfangen und enden. Stopp-Symbole – die Punkte der Protein-Sprache – sind die drei übrigen Tripletts, denen keine der Aminosäuren entspricht. Wie auch der übrige Teil des Code sind diese Stopp-Symbole universell. Das gilt auch für das Startsignal, das jedoch komplizierter ist und noch nicht in allen Einzelheiten seiner Sequenz bekannt ist.

Wie der genetische Code als solcher und seine Einzelheiten von den Genetikern und Biochemikern entdeckt wurden – diese Geschichte ist ebenso faszinierend wie die Rekonstruktion einer alten Sprache aus wenigen überkommenen Dokumenten und Schrifttafeln; ja vielleicht noch faszinierender, weil bei der Enträtselung des genetischen Code zahlreiche verschiedene Ansätze zusammenwirken mußten, die kaum etwas miteinander zu tun zu haben schienen: Dazu bedurfte es der Reindarstellung und chemischen Analyse von Viren; der Isolation von Enzymen, die abnormale Nukleinsäure synthetisierten; jahrelanger genetischer Forschung an einem einzigen Gen eines *Bakteriophagen* (eines Virus, der Bakterien befällt); und jahrzehntelanger experimenteller Erforschung der Protein-Synthese im Reagenzglas. Noch bedeutsamer als die Entdeckung des genetischen Code war, daß durch diese Forschungsarbeit eine annähernd vollständige und detaillierte Vorstellung vom Wirken der Gene entstand und darüber hinaus eine Grundlage geschaffen wurde, von der aus man in Zukunft an die direkte Behebung von genetischen Schäden herangehen wird.

Wie schon erwähnt, ist nicht die DNA der Gene jene Schablone, welche die Aminosäuren für die Synthese der Proteine zusammenstellt; als Vermittlung, als Bote des Gens dient vielmehr ein RNA-Strang, der von einem und nur von einem der beiden DNA-Stränge transkribiert worden ist.

Für die Transkription der DNA zur messenger-RNA (und auch zu einigen anderen RNA-Molekülen, die andere Funktionen erfüllen) sorgt ausschließlich ein Enzym – die RNA-Polymerase. Das Funktionieren der Gene hängt vollständig von diesem Enzym ab, das in den gesamten Tätigkeiten des Lebens folglich eine zentrale Stellung einnimmt. Weil die Funktion einer Schablone von der DNA auf die RNA übergeht, ist es möglich, daß nicht nur in unmittelbarer Nähe der Chromosomen, sondern in allen Teilen der Zelle Proteine hergestellt werden. Noch wichtiger ist jedoch, daß dadurch die Proteinerzeugung erweitert wird, da die RNA-Polymerase viele Transkripte von einem Gen machen kann, ohne daß das Gen sich verdoppeln müßte. So wird es möglich, die Funktionsweise einzelner Gene in der Weise zu regulieren, daß die Anzahl der Transkripte reguliert wird, die die RNA-Polymerase in verschiedenen Zellen oder in verschiedenen Umgebungen von einem bestimmten Gen herstellt.

Sobald die RNA-Polymerase begonnen hat, einen DNA-Abschnitt zu transkribieren, schreitet sie mit einer konstanten Geschwindigkeit fort – einer relativ geringen Geschwindigkeit, denn dem wachsenden RNA-Molekül werden in der Sekunde etwa dreißig Nukleotide hinzugefügt. Die Polymerase hört damit nur dann auf, wenn sie auf ein – noch unbekanntes – Signal trifft, das den Endpunkt für den jeweiligen Boten anzeigt. Dieses Signal ist nicht das gleiche, welches das Ende eines Gens anzeigt: Ein einzelnes Botenmolekül kann länger sein als ein Gen und als Bote für ein oder zwei und sogar für zehn oder zwanzig Gene fungieren. Da die Herstellung von Botenmolekülen, sobald sie einmal begonnen hat, mit konstanter Geschwindigkeit fortgesetzt wird, muß jeder denkbare Regelungsmechanismus in dem entscheidenden Augenblick einhaken, wo die RNA-Polymerase beginnt,

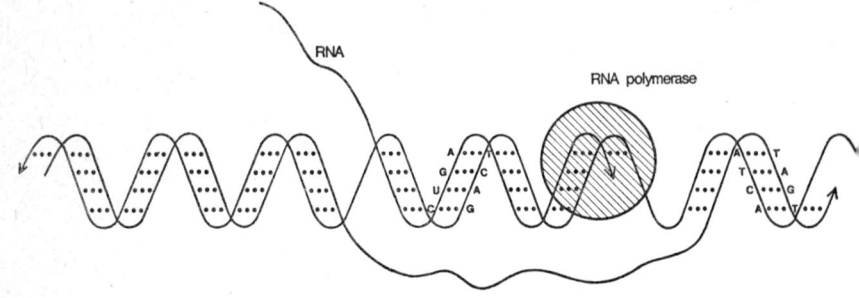

RNA

RNA polymerase

Die Synthese der RNA

Das Enzym RNA-Polymerase bindet sich an bestimmten Stellen an den DNA-Faden, bewirkt, daß die beiden DNA-Stränge auseinanderweichen, und beginnt dann, an einem der DNA-Stränge als Matrize ein RNA-Molekül zu synthetisieren. Prekursor-Moleküle (nicht dargestellt) liefern die Nukleotide, die eins nach dem anderen durch das Enzym dem wachsenden RNA-Faden angefügt werden. Wenn das Enzym weitergerückt ist, treten die DNA-Stränge wieder zusammen, und der RNA-Strang wird frei. Zwischen den DNA- und RNA-Strängen bestehen die Paarungsregeln A mit U und G mit C. Vergleiche die Regeln für DNA-Stränge. (Nach James D. Watson, ›Molecular Biology of the Gene‹)

das RNA-Transkript eines Gens oder einer Gruppe von Genen herzustellen.

Bei der anschließenden Etappe, in der die Boten-RNA den Aufbau des entsprechenden Proteins bzw. der Proteine dirigiert, stoßen wir auf ein neues Problem: Wie kann eine bestimmte Sequenz von drei Nukleotiden an den Boten die entsprechende Aminosäure physikalisch erkennen? Zu einer direkten Verbindung zwischen ihnen kommt es nicht; eine spezifische Paarung vollzieht sich immer nur zwischen Nukleotiden. Tatsächlich wird jede Aminosäure, bevor sie zum Bestandteil eines Proteins wird, durch ein bestimmtes Enzym, das nur auf eine einzige Aminosäure wirkt, an einen »Zwischenstecker« gekoppelt. Dieser Zwischenstecker besteht aus einem kleinen RNA-Molekül; für jedes Codon des genetischen Code gibt es davon einen. Der Stecker hat ungefähr die Form einer Haarnadel, an deren Krümmung eine Gruppe von drei Nukleotiden sitzt – das Anticodon, das mit dem entsprechenden Codon zusammenpaßt, wie in der Abbildung gezeigt wird. An dem offenen Ende des Steckers sitzt die entsprechende Aminosäure. Von der Paarung der Nukleotide abgesehen, liegt die einzige Erkennungsfunktion in diesem ganzen Vorgang bei dem Enzym, das eine gegebene Aminosäure mit ihrem jeweiligen Zwischenstecker koppelt. Danach geht alles ganz von selbst: Das Anticodon auf dem Zwischenstecker paart sich mit dem entsprechenden Codon auf der Boten-RNA und bringt dadurch die Aminosäure an ihren richtigen Platz.

Dieser Prozeß vollzieht sich nicht automatisch; er setzt einen äußerst komplizierten Mechanismus voraus, der jedoch an dem wesentlichen Inhalt des Prozesses, der Übersetzung selbst, nicht den geringsten Anteil hat. Er verhält sich wie die Schreibmaschine, die ein wesentlicher, aber unschöpferischer Bestandteil jedes Übersetzungsapparates ist. Er hilft mit, den Boten und den Zwischenstecker in die richtige Position zu bringen, Start- und Stoppsignale zu erkennen, den Boten wie ein Band in einem Tonbandgerät weiterzutransportieren und die Aminosäuren zu Proteinketten zusammenzufügen.

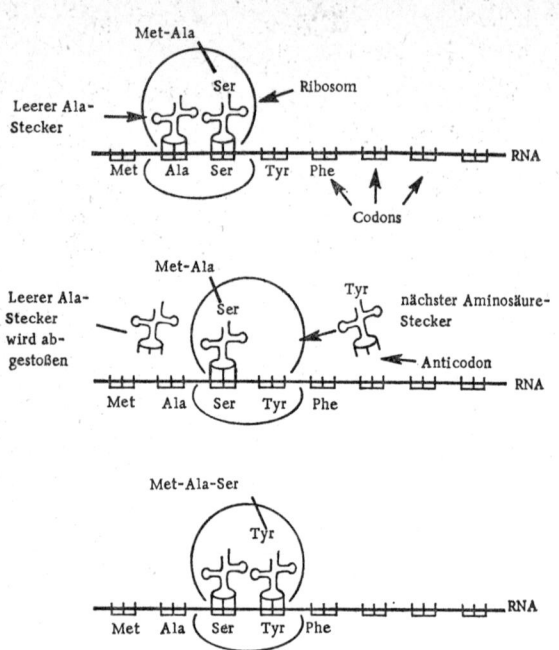

Proteinsynthese durch Verlängerung von Aminosäureketten

Hier ist nur eine Etappe aus der ungeheuer komplizierten Geschehensfolge dargestellt. Die RNA-Matrize mit ihren Triplett-Codons lagert sich einem als Ribosom bezeichneten Gebilde an, das alle Elemente des Synthesevorgangs zusammenfügt. In der Darstellung verläuft die Synthese von links nach rechts. Oben hat die wachsende, bis dahin aus Methionin (Met) und Alanin (Ala) bestehende Proteinkette gerade die nächste Aminosäure, das Serin (Ser), erreicht, das noch auf seinem kleeblattförmigen »Stecker« sitzt. In der Mitte wird der leere Stecker abgestoßen, das Ribosom schiebt sich um ein Codon weiter vor, und der nächste Stecker mit der Aminosäure Tyrosin (Tyr) kommt an die Reihe. Unten erfaßt die Proteinkette die Aminosäure Tyr, deren Stecker jetzt die ganze Kette hält. Der Vorgang läuft weiter, bis ein Stopp-Codon auf der RNA bewirkt, daß die Proteinkette sich von dem letzten Stecker löst. Die Streckermoleküle bestehen aus RNA und besitzen jeweils ein Anticodon (z. B. GCA), das zu dem entsprechenden Codon auf der Matrizen-RNA (in diesem Fall CGU) paßt. (Nach Albert Lehninger, ›Biochemistry‹)

Der fertigen Proteinkette können verschiedene Dinge zu-
stoßen. Es kommt häufig vor, daß an der »Start«seite eine
oder mehrere Aminosäuren abgeschnitten werden. Manchmal kommt es zu noch drastischeren Formveränderungen. Ein
Teil der Kette kann von einem Ende oder aus der Mitte herausgebrochen werden, wie es etwa bei dem Hormon Insulin
vorkommt. Manchmal wird eine sehr lange Proteinkette gebildet, die anschließend in viele Teile zerbricht; das ist der
Fall bei dem Polio-Virus. In welchem Umfang sich derartige
Vorfälle in lebenden Zellen ereignen, weiß man nicht. Bisher
konnte man nur sehr wenige Proteine künstlich synthetisieren, und sehr vieles bleibt noch zu erforschen. Sobald ein
Protein jedenfalls aufgebaut und – wie es gelegentlich vorkommt – durch verschiedene Brüche umgebaut ist, beginnen
seine Aminosäureketten sich zu falten, um schließlich jene
spezifische Form anzunehmen, von der seine Funktionen abhängen.

Jetzt kann man erklären, wie die spezifische Funktionsweise der verschiedenen Gene reguliert wird.

Um mit der RNA-Polymerase zu beginnen, dem Enzym,
das die RNA-Botschaften von den Genen transkribiert, so
liegt es auf der Hand, daß Veränderungen bei diesem Enzym
durch eine Änderung seiner spezifischen Wirkungsweise die
Vollständigkeit der Transkription verschiedener Gene oder
Gengruppen zu beeinflussen vermögen. Und das geschieht
auch – wenn ein Bakterium beispielsweise nicht mehr genügend Nahrung findet, wenn es beginnt, seine eigenen Reser-
ven zu verbrauchen und sich in eine Spore verwandelt, eine
inaktive Zelle, die Tage, Jahre oder Jahrtausende der Trok-
kenheit und des Nahrungsmangels übersteht. Der Übergang
von der Bildung normaler Zellbestandteile zur Bildung von
Sporen setzt einen Wandel in der Struktur der RNA-Poly-

merase voraus, bei dem sich ihre Fähigkeit verändert, verschiedene Gene zu transkribieren. Ein ähnlicher Regelungsvorgang, bei dem auch dieses Enzym sich verändert, tritt bei der Infektion gewisser Zellen durch Viren auf. Eine Alternativmöglichkeit bestünde darin, daß ein Organismus nicht eine, sondern mehrere verschiedene RNA-Polymerasen besitzt, die für unterschiedliche Gengruppen spezifisch sind, und daß er sich den wechselnden Bedürfnissen dadurch anpaßt, daß er das eine oder das andere dieser Emzyme ein- oder abschaltet.

Am besten erforscht ist das Regelungsverfahren bei den Bakterien, in dem die Funktion eines bestimmten Gens bzw. einer Gruppe benachbarter Gene durch eine Veränderung der Stärke geregelt wird, mit der der Transkriptionsvorgang eingeleitet wird. Die Steuerung der Genfunktionen beim lebenden Organismus muß sowohl wirkungsvoll als auch präzise sein. Eine Nervenzelle produziert keine feststellbaren Mengen von Muskel-Proteinen, und umgekehrt produzieren die Muskelzellen keine Nerven-Proteine. Wenn ein Bakterium in Fleischbrühe gezüchtet wird, produziert es beinahe nichts von den Enzymen, die es für die Aufspaltung und Nutzung von Milchzuckern benötigt. Nur wenige Minuten, nachdem der Fleischbrühe Milchzucker hinzugefügt wurde, beginnt die Produktion von zuckerspaltenden Enzymen in vollem Umfang, d. h. etwa tausendmal so stark wie vorher in der reinen Brühe. Der Mechanismus ist der folgende: Die Bakterienzelle enthält ein Gen, das ein für die Milchzucker-Enzyme spezifisches *Repressor*-Protein herstellt. Dieses verbindet sich mit der DNA der entsprechenden Gene in der Nähe des Punktes, an dem die RNA-Polymerase mit der Herstellung des Boten für die Milchzucker-Enzyme beginnen würde. Solange der Repressor sich auf der DNA befindet, kann die Polymerase nicht beginnen, diesen Boten herzustellen. Der hinzugefügte Milchzucker verbindet sich mit dem Repressor und bewirkt, daß dieser sich von der DNA löst, so daß der Bote und die Enzyme produziert werden können. Wenn der gesamte Milchzucker aufgebraucht ist, geht der Repressor auf die DNA zurück und beendet damit die Synthese der Milchzucker-Enzyme.

Dieser Mechanismus produziert aber nicht nur die Signale »An« und »Aus«. Die Konzentration des Milchzuckers in der Brühe paßt mit hervorragender Präzision die produzierte Menge des Enzyms der benötigten Menge an, weil es von dieser Konzentration abhängt, wie lange die Moleküle des Repressors an der DNA haften bzw. ihr fernbleiben. Auf diese Weise entsteht ein exaktes Rückkoppelungssystem, das verhindert, daß das Bakterium mehr Enzym produziert, als es benötigt. Ein mutantes Bakterium, dem der Repressor für Milchzucker-Enzyme fehlt, kann überleben, doch da es weiterhin diese Enzyme produziert, die es nicht benötigt, und für dieses nutzlose Bemühen drei Prozent seiner gesamten Proteine aufwendet, vermehrt es sich um drei Prozent langsamer – und dieser Unterschied reicht aus, um es in der Natur in wenigen hundert Generationen aus dem Wettbewerb mit normalen Bakterien ausscheiden zu lassen.

Das Milchzucker-Beispiel ist nur eine Illustration der allgemeinen Situation: Bei den Bakterien werden fast alle biochemischen Prozesse in ähnlicher Weise reguliert. Ein Bakterium, das zunächst seine gesamten Aminosäuren selbst herstellt, stoppt in dem Augenblick, wo es eine Nahrung bekommt, die eine dieser Aminosäuren enthält, die Produktion jener Enzyme, welche die Synthese eben dieser Aminosäuren katalysieren. Auch in diesem Falle gibt es ein Repressor-Protein, das sich, wenn überschüssige Aminosäure vorhanden ist, bei den entsprechenden Genen mit der DNA verbindet und deren Transkription stoppt. Nicht immer handelt es sich um einen Repressor-Mechanismus; ein Regulierungs-Protein kann auch eine Verbindung der RNA-Polymerase mit einem bestimmten Gen fördern, und ein solches aktivierendes Protein funktioniert unter Umständen nur solange, wie die auslösende Substanz vorhanden ist. In gewissen Regelungsmechanismen äußert sich eine Präferenz für einzelne Nahrungsmittel: Ein Zucker, der sich leicht verwerten läßt, führt zur Produktion einer Regelungssubstanz, welche die Zelle davon abhält, solche Enzyme zu produzieren, mit denen andere Zucker bearbeitet werden. Eine noch raschere Regelung wird erreicht, wenn die Produktion eines Enzyms, das für die Herstellung einer Aminosäure benötigt wird, durch steigende Bestandsmengen dieser Aminosäure gehemmt wird – ein typischer Fall der Rückkoppelung.

Vor dreißig Jahren glaubten manche Chemiker, die anspruchslosen Bakterien seien nichts anderes als Behälter von gewissen Katalysatoren und deren Substraten, die einige Grundübungen der physikalischen Chemie ausführten. In dieser naiven Vorstellung täuschten die Chemiker sich gründlich. Die Bakterienzellen haben sich als wahre Virtuosen der Regelung erwiesen. Die Raffiniertheit, mit der ihre chemischen Systeme sich selbst regulieren, stellt selbst die erfahrensten Computer-Programmierer vor schwierige Aufgaben. Als kybernetische Systeme, die auf eine maximale Leistungsfähigkeit ausgerichtet sind, bezeugen die Bakterien, welche Wunder die natürliche Auslese durch die Vervollkommnung der Funktionskontrolle der Gene vollbringen kann.

Sehr viel komplizierter und anspruchsvoller war unter dem Gesichtspunkt der biochemischen Regelung wahrscheinlich die Evolution höherer Organismen. In diesem Falle wurde wahrscheinlich nicht so sehr die prompte und wirksame Anpassung an rasche Veränderung der chemischen Umgebung belohnt, wie sie bei den Bakterien zu beobachten ist, als vielmehr die Fähigkeit, in einer mehr oder weniger konstanten Umgebung wie der des menschlichen Körpers spezialisierte Aufgaben auszuführen. So ist es vielleicht erklärbar, warum die Regelungsmechanismen, die bei den Bakterien von beeindruckender Wirksamkeit sind, in Tierzellen nicht in einer vergleichbaren Form festgestellt wurden. Es ist immer noch ein Geheimnis, auf welche Weise die Funktionen der Gene in tierischen Zellen geregelt werden. Einen gewissen Anhaltspunkt liefert die Tatsache, daß die Moleküle der Boten-RNA, die bei den Bakterien sehr instabil sind und bereits zerfallen, nachdem sie höchstens einige dutzend Male übersetzt worden sind, in tierischen Zellen sehr viel stabiler sind. Ein und dasselbe Boten-Molekül stellt in jungen roten Blutkörperchen mindestens mehrere Tage lang Hämoglobin her. In diesem Falle würde sich also keine besondere Einsparung an Proteinen ergeben, wenn die Produktion des Boten eingestellt wird. Eine wirksamere Regelung bestünde darin, die Übersetzung der RNA-Information in Proteine zu kontrollieren. Wahrscheinlich greifen gewisse Hormone auf dieser Stufe ein.

Ein anderer wichtiger Regelungsmechanismus setzt bei der Replikation der DNA an. Der Teilungszyklus von Pflanzen- und Tierzellen besteht in einer präzisen und geordneten Abfolge von Vorgängen. Nach einer mitotischen Teilung wird für längere Zeit keine DNA synthetisiert; dann verdoppelt sich innerhalb weniger Stunden die Menge der DNA, und in jedem Chromosom bestehen von jedem Gen zwei Kopien. Daran schließt sich ein kurzer Zeitabschnitt an, in dem wiederum keine DNA synthetisiert wird, und dann vollzieht sich die Teilung der Zelle.

Dieser Zyklus wird anscheinend von der Replikation der DNA selbst gesteuert. Sobald irgendein Stimulus die DNA-Synthese auslöst, läuft der vollständige Zyklus ab – mit vollständiger Verdoppelung der DNA und anschließender Zellteilung wenige Stunden darauf. Wie bei jedem zyklischen Programm genügt ein Stimulus, um den gesamten Kreislauf in Gang zu setzen. Wenn sich nicht irgendein ungewöhnlicher Zwischenfall ereignet, hören die meisten reifen Zellen des menschlichen Körpers auf, sich zu teilen. Der Auslöser der Zellteilung muß also im Laufe der Entwicklung auf irgendeine Weise eine Hemmung erfahren. Daß Krebszellen sich weiter teilen und den Körper schädigen, liegt vielleicht daran, daß sie für den unbekannten auslösehemmenden Mechanismus unempfindlich geworden sind.

Was wir über die Replikation der einzelnen DNA-Moleküle wissen, verdanken wir zum größten Teil wiederum der Forschung an Bakterien, deren Gene hintereinander auf einem einzigen ringförmigen DNA-Strang angeordnet sind. Die Replikation beginnt an einem stets gleichbleibenden Punkt und setzt sich in beide Richtungen solange fort, bis die beiden Replikationspunkte sich wieder treffen und aus einem ringförmigen Strang zwei Stränge geworden sind. Auch hier ist der Mechanismus der Zellteilung genau mit der DNA-Synthese abgestimmt und scheint ebenfalls durch einen Vorgang ausgelöst zu werden, der sich beim Beginn der DNA-Replikation vollzieht. In welcher Weise die DNA-Synthese und die Zellteilung bei den Bakterien und bei anderen Zellen miteinander verknüpft sind, weiß man noch nicht. Letzten Endes muß das Signal, das die Verdoppelung der DNA einleitet, direkt oder indirekt auf die Zellmembran einwirken, an der die Vorgänge der Zellteilung sich abspielen, doch wie das vor sich geht, weiß man nicht.

Eines ist jedoch sicher: Die erstaunliche Funktionsgenauigkeit, mit der die Gene auf die Bedürfnisse der Zelle und des Organismus reagieren, ist nicht irgendeiner fremden Steuerungsinstanz zuzuschreiben, sondern ist in den Genen selbst, in ihrer Struktur und in der Struktur der von ihnen erzeugten Substanzen begründet. Die Repressoren und Aktivatoren sowie die gesamten Bestandteile der Maschine, welche die Gene kopiert und transkribiert und ihre Information in die Struktur der Proteine übersetzt, sind ein ureigenes Erzeugnis der einzelnen Gene. Dieses System ist nicht statisch; es wird ständig von der natürlichen Auslese getestet und abgeändert.

Das harmonische Zusammenspiel der Gene hat etwas von der großartigen Harmonie der Himmelskörper, mit dem Unterschied jedoch, daß es nicht unveränderlich ist. Es entspricht eher einem fließenden Chorgesang, der hervorragend zur Gegenwart paßt, der sich jedoch entwickelt, um auch mit einer ungewissen Zukunft übereinzustimmen.

5   Die Zellen

Die Vererbungsbotschaften der Gene werden übersetzt in die Struktur der Proteine, die in lebenden Zellen die Arbeit verrichten; bisher haben wir diese molekularen Vorgänge so betrachtet, als ob sie sich isoliert abspielten. Sie lassen sich ja in der Tat im Reagenzglas untersuchen, wenn man die entsprechenden Matrizen-Moleküle, DNA bzw. RNA, mit den geeigneten Katalysatoren und Prekursor-Substanzen mischt, welche als Bausteine für die Synthese der *Makromoleküle* dienen – der Nukleinsäuren als auch der Proteine. Der zentrale Vorgang, durch den die Kontinuität der Lebenssubstanz gesichert wird, ist zwar das Kopieren der DNA der Gene, doch gehört zur Sicherung dieser Kontinuität genauso unauflöslich die Produktion der RNA und der Proteine, denn sie liefern den Apparat für die Vervielfachung der Gene.

Als nächstes haben wir zu untersuchen, wie diese Vorgänge ablaufen; was für Substanzen die Zelle als Prekursoren für die makromolekularen Substanzen verwendet und warum gerade diese; und wie diese Substanzen aus der Nahrung aufbereitet werden, die der Organismus aufnimmt. Mit anderen Worten, die Molekularbiologie muß jetzt mit den alltäglichen Vorgängen des Lebens in Beziehung gebracht werden – der Ernährung, der Umsetzung von Nahrung in Kalorien und dem Verfall. Zunächst muß jedoch ein anderer grundlegender Aspekt der Biologie erörtert werden.

Der Biochemiker untersucht die Reaktionen des Lebens, indem er im Reagenzglas alle möglichen Chemikalien zusammenbringt, von denen er glaubt, sie seien für die gewünschten Reaktionen erforderlich. Im Organismus verlaufen die biochemischen Reaktionen jedoch in einer sehr ungewöhnlichen Umgebung – in der lebenden Zelle. Alle Zellen haben gewisse grundlegende Merkmale gemeinsam. Von den kleinsten Bakterien, von denen eine Billion in einen Fingerhut passen würde, bis zu den größten Nervenzellen, die mit ihren fußlangen Fasern beinahe mit dem bloßen Auge zu erkennen sind, weisen alle Zellen eine Umgebung auf, die den Aufgaben ihrer Gene und Genprodukte hervorragend angepaßt ist.

Praktisch alle heute lebenden Organismen bestehen aus Zellen. Die einzige Ausnahme bilden die Viren, und sie sind die Ausnahme, die die Regel bestätigt. Ein freies Virus – beispielsweise ein Teilchen des Polio- oder Grippevirus – ist nichts anderes als ein Stückchen Nukleinsäure, das von einer oder mehreren Schutzschichten aus trägen Substanzen umgeben ist. Das Virus ist in dieser Form inaktiv; es kann erst funktionieren und sich vermehren, wenn es auf eine Zelle trifft, in die es seine Nukleinsäure, seine Gene also, injiziert. Erst innerhalb einer Zelle können die Gene des Virus funktionieren und sich vermehren.

Die Bedingungen, unter denen die chemischen Vorgänge des Lebens ablaufen können, sind in der Zelle gegeben. Die Zelle ist eigentlich nichts anderes als eine chemische Fabrik; sie besitzt ein Kraftwerk, das die für chemische Umwandlungen benötigte Energie liefert; sie besitzt Abteilungen, die verschiedene Teile der chemischen Apparatur, welche einander sonst schaden könnten, voneinander trennt. So werden etwa Katalysatoren, die Proteine abbauen können, von den funktionalen Zellproteinen ferngehalten und aus der Zelle hinausgelenkt, um fremde Proteine als Nahrung zu verarbeiten. Jede Zelle besitzt eine Membranwand, welche die Konzentration von Chemikalien innerhalb der Zelle reguliert. Diese Membran ist weder eine undurchlässige Mauer noch ein Sieb; sie ist ein aktives Organ, das verschiedene Substanzen erkennen kann und darüber entscheidet, welche und wieviel von ihnen in die Zelle hinein und aus ihr heraus fließen. Die Grundstruktur der Membran besteht aus einer zweifachen Schicht von Fettmolekülen mit eingelagerten Proteinmolekülen. Die Membran reguliert ihre Durchlässigkeit mit Hilfe der Erkennungseigenschaften dieser Proteine, die zahlreiche chemische Verbindungen anhand der Größe, der Form und der elektrischen Ladung ihrer Moleküle zu erkennen vermögen; die Membran kann sogar bei Bedarf eine Substanz in die Zelle hinein- oder aus ihr herauspumpen. Weil die Zelle derartige Pumpen besitzt, kann eine Substanz in ihrem Inneren tausendmal stärker konzentriert sein als draußen, oder die Konzentration kann auf einem bestimmten Niveau gehalten werden, oder sie läßt sich auch in der Richtung ändern, die für ein optimales Funktionieren nötig ist. Die Übermittlung von Impulsen in den Nerven hängt etwa von dem Funktionieren einer Membranpumpe ab, welche die Wanderung von elektrisch geladenen Natrium- und Kalium-Atomen innerhalb der Nervenstränge dadurch reguliert, daß sie das Verhältnis der elektrischen Ladungen innerhalb und außerhalb der einzelnen Zellen verändert.

Die Zelle ist also als ein eingegrenzter Bereich zu betrachten, in dem die Lebensvorgänge in einer chemischen Umgebung ablaufen, die durch das Zusammenwirken verschiedener Mechanismen in einem annähernd optimalen Zustand erhalten wird. Die Funktionen der Gene und der Enzyme regeln präzise die Synthese zahlreicher chemischer Verbindungen in ihrem Inneren; in dieser hochgradig geregelten chemischen Umwelt laufen der Aufbau von Zellsubstanzen und andere chemische Funktionen der Zelle mit einem Wirkungsgrad ab, der oft größer ist als bei einer noch so sorgfältig geplanten Maschine.

Es muß an dem hohen Wirkungsgrad der zellulären Organisation gelegen haben, daß sie sich gegenüber den präzellulären Lebensformen durchgesetzt hat; ein leistungsschwaches System dürfte sich im Wettbewerb mit einem überlegenen kaum behauptet haben. Die Evolution hat indessen nicht einen einförmigen Zellaufbau hervorgebracht. Auch die heute existierenden Organismen weisen noch zwei Haupttypen der zellulären Organisation auf; der eine kommt bei Bakterien und bestimmten Algen, der andere bei Pflanzen und Tieren vor. Im Verlauf der Evolution haben sich also zwei Grundpläne des Zellaufbaus ihren jeweiligen Aufgaben in ihrer jeweiligen Umwelt als so gut angepaßt erwiesen, daß sie sich beide ausbreiten und erhalten und einen beträchtlichen Teilbereich der Lebenswelt erobern konnten.

Der Zellaufbau der Bakterien wird als *protokaryotisch* – der Kernbildung vorausgehend – bezeichnet und ist relativ einfach. Das Elektronenmikroskop läßt eine äußere Zellmembran, aber keine inneren Unterteilungen erkennen. Es gibt keine Kernmembran, keine Chromosomen und keine Mitose. Alle Gene eines Bakteriums sind zu einer einzigen DNA-Doppelhelix zusammengefaßt, die in gestreckter Form tausendmal so lang wäre wie die Zelle. Wenn die Zelle sich teilt, erhält jede Tochterzelle eine neugebildete Kopie der Doppelhelix. Da es im Inneren keine Membranen gibt, sind die verschiedenen Substanzen innerhalb der Zelle nicht gegeneinander abgeschlossen; trotzdem vermischen sie sich nicht zufällig. Die Moleküle verschiedener Substanzen, insbesondere die Protein-Moleküle, können sich für ein optimales Funktionieren in sehr unterschiedlicher Weise zu spezifischen Komplexen zusammenschließen, ähnlich wie Werkzeugmaschinen, die im Produktionsablauf so angeordnet werden, daß sich eine optimale Geschwindigkeit und ein optimaler Produktionsausstoß ergeben. Wie bereits erwähnt, sind bestimmte Proteine in einer ganz bestimmten Weise in die Zellmembran eingebaut und regeln dort den Transport spezifischer Substanzen. Zu den faszinierenden Problemen der Zellbiologie gehört die Frage, wie ein Protein seinen jeweiligen Platz zwischen den fettartigen Schichten einer Membran bzw. ganz allgemein in einer organisierten Anordnung von Molekülen findet.

Der andere Zelltypus wird als *eukaryotisch* – mit einem Kern wohl ausgestattet – bezeichnet und tritt bei allen Formen von den Hefepilzen bis zu den höheren Pflanzen und Tieren auf; er ist sehr viel komplizierter. Die Gene sind innerhalb einer gut ausgebildeten Kernmembran zu Chromosomen zusammengefaßt, und jedes Chromosom besteht aus zahlreichen DNA-Doppelhelices, die jeweils Tausende von Genen aufweisen. Der Zellkörper ist außerhalb des Zellkerns durch Membranen in zahlreiche Abteilungen unterteilt; in einigen befinden sich die Katalysatoren, mit deren Hilfe die Nahrung verdaut wird; andere sorgen für den Abbau von Nahrungsrückständen, und wieder andere erzeugen chemische Substanzen, die für besondere Zwecke benötigt werden.

Wenn man von der Tatsache ausgeht, daß bei jedem Organismus jeweils nur der eine oder der andere, nicht aber beide Zelltypen vorhanden sind, müßte man eigentlich annehmen, daß die beiden Klassen von Organismen sich unabhängig voneinander entwickelt haben. Die Zahl der Übereinstimmungen – von der Struktur der DNA über den genetischen Code bis zu dem Grundplan der Synthese und Struktur der Proteine – ist jedoch ein hinreichender Beweis dafür, daß die beiden Typen sich von gemeinsamen Vorformen herleiten. Irgendwann in der Frühzeit der biologischen Entwicklung haben sich die beiden Abstammungslinien getrennt. Wahrscheinlich hat der eukaryotische Zelltypus sich aus einer einfacheren prokaryotischen Vorform entwickelt und sich als geeigneter erwiesen, komplexe Organismen aufzubauen, die aus vielen verschiedenen Zellen mit spezialisierten Funktionen bestehen.

Aber der Biologe stößt immer wieder auf Überraschungen; es scheint, als habe die Evolution auf ihrer Suche nach erfolgreichen Lebensformen alle erdenklichen Umwege ausprobiert. Alle eukaryotischen Zellen enthalten einige mit einer Membran umhüllte Bläschen, die kleiner sind als der Zellkern und eine äußerst spezialisierte Funktion besitzen: die sogenannten *Mitochondrien,* die in Gegenwart von Sauerstoff als Kraftwerke der Zelle fungieren. Sie nehmen chemische Verbindungen, die in der Nahrung enthalten sind, und oxydieren sie – sie spalten also einige Elektronen daraus ab und verbinden diese mit Sauerstoff zu Wasser. Dieser chemische Vorgang setzt eine beträchtliche Energiemenge frei, die von den Mitochondrien in Form einer Substanz mit der Bezeichnung ATP gebunden wird. Dieses von den Mitochondrien gebildete ATP wird anschließend bei allen möglichen chemischen Reaktionen – der Synthese von Proteinen, von Nukleinsäure, von Fetten und Zuckern –, bei der Zellbewegung und der Muskelkontraktion als Energielieferant benutzt. Zellen, die sehr rasch sehr viel Energie verbrauchen, beispielsweise in den Flügelmuskeln von Vögeln, besitzen eine sehr große Anzahl von Mitochondrien.

In jüngsten Untersuchungen hat sich nun ergeben, daß die Mitochondrien eukaryotischer Zellen in einigen fundamentalen Hinsichten den Zellen protokaryotischer Organismen ähneln. In der Größe etwa einem kleinen Bakterium entsprechend, besitzt jedes Mitochondrion ein kleines Stückchen DNA und einen Apparat, um aus den Genen dieser DNA einige Proteine herzustellen; dieser Apparat aber ähnelt mehr demjenigen von Bakterien als dem der ihn umgebenden eukaryotischen Zelle. Man könnte die Mitochondrien hypothetisch als Überbleibsel bakterieller Zellen bezeichnen, die sich in einer symbiotischen Beziehung, also einer Beziehung zum gegenseitigen Vorteil, in eukaryotischen Zellen eingenistet haben. Was sich während der Evolution abgespielt hat, läßt sich nur vermuten. Vielleicht ist es so gewesen, daß die eventuell amöbenähnlichen Zellen einer bestimmten Evolutionslinie, die keinen Sauerstoff verarbeiten konnten, sich Bakterien einverleibt haben. Zufällig überlebten einige dieser Bakterien und trugen dadurch, daß sie Sauerstoff verbrauchten und ATP produzierten, zum Fortpflanzungserfolg der Wirtsamöbe bei. Für die Amöbe mußte es ein enormer Vorteil sein, wenn sie durch die Verwendung des Sauerstoffs mehr als zehnmal so viel nutzbare Energie aus der Nahrung ziehen konnte. Die Symbiose muß also eine neue und sehr erfolgreiche Abstammungslinie begründet haben, die an die Beibehaltung der symbiotischen Beziehung gebunden blieb; die Bakterien müssen dann mit der Zeit zu Mitochondrien geworden sein, die, da sie sich innerhalb fremder Zellen fortpflanzten, in immer geringerem Maße eine eigene chemische Apparatur benötigt haben müssen. Jede Mutation, die zum Verlust eines nicht mehr benötigten Enzyms führte, muß nicht nur kein Schaden, sondern in Wirklichkeit ein Vorteil gewesen sein, da sie dem Mitochondrion die Herstellung eines Proteins ersparte, für das es keine Verwendung mehr hatte. Wenn die gesamte Kleidung im Laden gekauft wird, braucht man zu Hause keinen Webstuhl mehr, und der Platz kann vorteilhaft für andere Dinge verwendet werden. Es ist ein in der Evolution sehr verbreiteter Vorgang, daß überflüssige Funktionen verlorengehen: in den Eingeweiden parasitierende Würmer regredieren zu einfacheren Formen; Fische in unterirdischen Seen verlieren das Augenlicht und oft auch die Augen dazu. Die Säugetiere einschließlich des Menschen, die sich an den Verzehr organischer Nahrung angepaßt haben, besitzen nicht mehr die Fähigkeit, die zahlreichen organischen Substanzen herzustellen, die von Pflanzen und Bakterien ohne weiteres aufgebaut werden.

Nicht nur die Unterschiede und die möglichen Beziehungen zwischen protokaryotischen und eukaryotischen Zellen, auch die Unterschiede zwischen den Zellen eines einzigen komplexen Organismus sind lehrreich. Abgesehen von dem einheitlichen Grundaufbau der eukaryotischen Zelle, der unter dem Mikroskop bei allen Zellen der verschiedenen Organe einen Kern, Membranen und Mitochondrien erkennen läßt, sind die Unterschiede zwischen den Zellen sehr ausgeprägt, wenn man beispielsweise die mit kontraktilem Material gefüllten Muskelzellen, die Hirnzellen mit ihren langen Fasern und die mit Hämoglobin gefüllten roten Blutkörperchen miteinander vergleicht. Eine menschliche Zelle von einem bestimmten Zelltypus ähnelt sogar der analogen Zelle eines Fisches, eines Frosches oder einer Fliege stärker als einer Zelle aus einem anderen menschlichen Organ. Die Spezialisierung hat ihren Grund darin, daß die Struktur der Zelle von der Funktion bestimmt wird, die die Zelle zu erfüllen hat. Das ist ein Wesensmerkmal der inneren Differenzierung: die Spezialisierung vollzieht sich durch Veränderungen in der funktionalen Organisation von Zellen, die die gleichen Gene, aber unterschiedliche Funktionen haben.

Die Unterschiede zwischen den Zellen beruhen darauf, daß diese unterschiedliche Proteine enthalten. Da die Proteine aber Erzeugnisse der Gene sind und alle Zellen eines Organismus in den Genen übereinstimmen, müssen in den verschiedenen Zellen verschiedene Gene in unterschiedlicher Weise funktionieren. Es ist nicht etwa so, daß ein bestimmtes Gen in verschiedenen Zellen jeweils ein anderes Protein herstellte; alle Gene produzieren in allen Zelltypen eine bestimmte Menge ihres jeweiligen Proteins. In den roten Blutkörperchen bestehen etwa über 90 Prozent des gesamten Proteins aus Hämoglobin, das von nur zwei Genen erzeugt wird. Muskelzellen dagegen stellen kein Hämoglobin her, aber zahlreiche andere Proteine – darunter enorme Mengen von zwei Proteinen, die zusammen das kontraktile Element bilden. Die Unterschiede zwischen den Zellen verschiedener Organe erstrekken sich auch auf die Reproduktionstätigkeit. Die Nervenzellen im Gehirn des Menschen hören sehr früh auf, sich zu teilen; nach dem zweiten Lebensjahr entstehen keine neuen Nervenzellen mehr, und die bestehenden Zellen erhalten sich ohne DNA-Synthese und ohne Genreproduktion bis ins hohe Alter. Die äußeren Zellen der Haut und der Därme vermehren sich dagegen während des gesamten Lebens und sterben wieder ab, so daß diese Organe aus einer sich ständig erneuernden Population kurzlebiger Zellen bestehen. Die Eier und Samen produzierenden Fortpflanzungsorgane funktionieren in den einzelnen Lebensabschnitten in sehr unterschiedlichem Maße: Bei den Frauen sind schon bei der Geburt alle Eier vorhanden, und nach der Pubertät reift davon jeweils eins im Monat; bei den Männern bilden sich und reifen die Samenzellen von der Pubertät bis ins Alter.

Zu dem allgemeinen Aufbau der eukaryotischen Zelle treten also strukturelle Differenzierungen hinzu, in denen sich die Aufgabe niederschlägt, die dem jeweiligen Zelltypus im Plan des Organismus zugewiesen ist. Vermutlich konnte sich dank der Flexibilität ihrer Organisation und ihrer verfeinerten Struktur die eukaryotische Zelle zu jener ungeheuren Vielfalt spezialisierter Zelltypen entfalten, deren es bedurfte, als die vielzelligen Organismen sich in ihrer ganzen Vielfalt entwickelten. Offenbar hat die protokaryotische Zelle kein ausreichendes »Differenzierungspotential« besessen, um sich zu komplexen Organismen entwickeln zu können, doch glich sie das fehlende Differenzierungspotential durch ihr biochemisches Potential aus. Die Zellen von Tieren sind im Hinblick auf ihre Nahrung sehr anspruchsvoll; da sie in der schützenden Umwelt des Körpers leben und durch das Blut und andere Körperflüssigkeiten ernährt werden, die für eine annähernd konstante Zufuhr von Nahrungssubstanzen sorgen, sind diese Zellen für den Aufbau ihrer Proteine und Nukleinsäuren im Laufe der Evolution von einer äußeren Zufuhr von Aminosäuren, Vitaminen und anderen Substanzen abhängig geworden. Die Pflanzen stellen dagegen einfache, aber recht spezielle Anforderungen: Sie können alle benötigten organischen Verbindungen selbst herstellen. Sie benötigen Kohlendioxid, Wasser und Licht, um Zucker herzustellen und um dem Boden Nitrate, Phosphate und andere Salze zu entziehen.

Die Bakterien unterscheiden sich nicht nur von den Pflanzen und Tieren, sondern auch untereinander weisen sie große Unterschiede auf, und sie können noch stärker spezialisiert sein als menschliche Zellen. Einige Bakterien können nicht einmal die einfachen Substanzen herstellen, die sie für den Aufbau ihres Zellmaterials benötigen, und sind deshalb für ihr Wachstum darauf angewiesen, diese Substanzen aus ihrer Umgebung zu gewinnen. Solche Bakterien haben sich darauf spezialisiert, in Substanzen wie Milch oder Wein zu leben, die ihnen einen Überfluß an organischen Nährstoffen liefern. Andere Bakterien brauchen für Leben und Wachstum nichts anderes als Wasser, Zucker und einige Salze. Aus diesen wenigen Substanzen stellen sie alles her, was sie für den Aufbau weiterer Zellen benötigen – einschließlich der Proteine, der RNA und der DNA. Außer der Tatsache, daß sie einfach zu befriedigen sind, sind diese Bakterien in ihrer Ernährungsweise erstaunlich anpassungsfähig. Wenn ihre Vorzugsnahrung, beispielsweise Zucker, ausgeht, stellen sie sich auf irgendeine andere aus einer Vielzahl von organischen Verbindungen um – selbst auf eine so unwahrscheinliche Nahrung wie Kampher, Benzin oder Polystyren. Andere Bakterien ernähren sich von Schwefelwasserstoff und Kohlendioxid, und eine Gruppe von Bakterien kann sogar Kohlenmonoxid, das giftige, in den Auspuffgasen von Autos enthaltene Gas als Nahrung verwerten. Bei dem Wechsel von einer Nahrungsart zu einer anderen vollzieht sich eine in ihrem Ablauf geradezu computerhaft genaue Umorganisation des chemischen Apparats.

Die Zellen zeigen also in ihrer Struktur und Funktion erhebliche Unterschiede, obwohl sie alle Gene besitzen, die aus ein und derselben Substanz, nämlich DNA, bestehen, und obgleich diese Gene den gleichen genetischen Code benützen, um in einem universell gleichartigen Prozeß die Bildung der Proteine zu steuern. Diese Unterschiede sind zum Teil dem jeweiligen – protokaryotischen oder eukaryotischen – evolutionären Zelltypus zuzuschreiben; zum Teil beruhen sie auf der unterschiedlichen genetischen Ausstattung verschiedener Organismen; und zum Teil sind sie ein Ergebnis unterschiedlicher Spezialisierungen der Genfunktionen innerhalb eines Organismus. Auch solche Zellen, die Bestandteil einer physikalisch starren Struktur sind und die Gestalt eines Organismus mitbestimmen, spielen selten die passive Rolle von Bausteinen, sondern im allgemeinen eine aktive Rolle. Die starre Struktur von Knochen ist beispielsweise ein Ergebnis der chemischen Aktivität von Knochenzellen, die in den Knochen eingebettet sind und ihn je nach den Bedürfnissen des Körpers ständig auf- und umbauen.

Bei den Bakterien verhält es sich so, daß ein einzelner Organismus bis zu einer gewissen Größe heranwächst und sich dann teilt, also zwei Bakterien entstehen läßt, und dieser Vorgang wiederholt sich solange, bis keine Nahrung mehr vorhanden ist. Das Schlüsselphänomen – fast ist man versucht zu sagen: das Ziel des Wachstumsprozesses – liegt in der exakten Verdoppelung des Genbestandes, in deren Folge die beiden Tochterzellen mit der Mutterzelle genetisch identisch sind. Bei komplexen Organismen wie etwa dem Menschen hat sich eine spezielle Aufgabenverteilung entwickelt. Die meisten Zellen wachsen und teilen sich ständig und verdoppeln dabei ihren Genbestand; andere Zellen hören auf zu wachsen und bleiben während des gesamten Lebens des Organismus unverändert. Die Aufgabe, für das Weiterleben der Art zu sorgen, ist an besondere Zellen delegiert, die die Fortpflanzungszellen produzieren. Der übrige Organismus hat die Aufgabe, das genetische Material der Eier und des Spermiums zu schützen, zu ernähren und fruchtbar werden zu lassen. Die vollständige Erhaltung des Genmaterials ist vom Standpunkt der Evolution aus nur im Hinblick auf die Geschlechtszellen von Bedeutung; die anderen Zellen eines komplexen Organismus dürfen durchaus Gene oder Chromosomen verlieren, wenn dadurch ein wirksameres Funktionieren erreicht wird. Es gibt allerdings Organismen, bei denen sich im Laufe der Entwicklung die Zahl der Chromosomen verändert, doch dieser Fall ist sehr selten. Es muß wohl ein gewisser Vorteil darin liegen, daß in allen Zellen des Körpers alle Gene vorhanden sind, auch wenn einige Gene nicht benötigt werden; vielleicht war aber auch der Mechanismus der Mitose, der bei jeder Zellteilung die Chromosomen exakt aufteilt, zu wichtig, als daß er nur wegen einer Veränderung der Chromosomenzahl im Zuge der Entwicklung ein Hineinpfuschen geduldet hätte.

Von der Evolution, d. h. von der natürlichen Auslese, habe ich gelegentlich so gesprochen, als ob sie zielbewußt arbeitete. Es ist jedoch wichtig, daran zu erinnern, daß es ein Ziel nicht gibt – oder genauer, daß es ein Ziel der Genverdoppelung oder der Arterhaltung nicht gibt. Die Evolution wirkt nicht auf die Gene oder auf die Arten ein, sondern auf die Organismen. Die Evolution der Zelle vollzog sich als eine Evolution des Organismus: Sei es, daß eine einzige Zelle einen Organismus bildete, dessen Nachkommen je nachdem, wie ihre Gene in der jeweiligen Umwelt funktionierten, mehr oder weniger erfolgreich waren; sei es, daß die Zelle Bestandteil eines komplexen Organismus war, dessen Millionen und Milliarden Zellen spezialisierte Funktionen übernahmen, die wiederum von ihren Genen abhingen und sich in spezifischen Umwelten bewähren mußten. Es besteht eine Tendenz, sich bei der Beschreibung dieser Vorgänge solcher Ausdrücke wie Ziel, Zweck oder Plan zu bedienen, weil man dazu neigt, von menschlichen Vorstellungen auszugehen, wenn man an die Gene, die Zellen oder die Organismen denkt. Die Gene sind jedoch nichts anderes als molekulare Strukturen; die Zellen sind nichts anderes als chemische Fabriken; und die Organismen sind lediglich Objekte im blinden Spiel der Evolution. Allein der Mensch kennt die Freuden und die Qualen der bewußten Willensentscheidung.

6 Energie

Ehe ich morgens mit dem Frühsport beginne, trinke ich ein Glas Orangensaft. Der Saft liefert Wasser und Energie. Warum ich Wasser brauche, liegt auf der Hand: Beim Laufen werde ich mindestens so viel Wasser, wie ich getrunken habe, ausschwitzen. Nicht so sinnfällig ist indessen, warum ich Energie brauche, wie ich sie verwende und wie die in dem Zucker des Orangensafts gespeicherte Energie den Zellen meines Körpers zugänglich gemacht wird.

Eine Art des Energieverbrauchs ist mechanische Muskelarbeit. Bakterien und andere Mikroben, die sich durch Schlagen oder Kontrahieren ihrer Oberflächenanhänge fortbewegen, verbrauchen dabei gleichfalls Energie. In den meisten Fällen wird jedoch der Energiebedarf nicht in erster Linie durch die Bewegung verursacht. Die Energie, die ein Organismus verbraucht, wird zum größeren Teil für die Durchführung chemischer Synthesen verausgabt. Diese Tatsache ist von so grundlegender Bedeutung, daß sie so eingehend wie möglich geklärt werden sollte. Die Zelle synthetisiert alle Proteine, die sie benötigt, aus einem Gemisch von zwanzig verschiedenen Aminosäuren; die Nukleinsäuren stellt sie aus einem Gemisch von Prekursor-Molekülen, die Zucker-Polymere aus einem Gemisch von Zuckern her; bei diesen Vorgängen fügt sie Einheiten zu Ketten zusammen, indem sie für jede Einheit, die sie der Kette hinzufügt, ein Wassermolekül abspaltet. Dieser Vorgang des Zusammenfügens erfordert Energie. Bei der Verbrennung von einem Gramm Protein wird mehr Wärme freisetzt als bei der Verbrennung einer äquivalenten Menge des entsprechenden Gemischs von Aminosäuren: Das bedeutet, daß in den chemischen Bindungen des Polymers mehr Energie gebunden ist und daß die Energie für diese Biosynthese irgendwoher gekommen sein muß.

Chemische Reaktionen laufen stets in der Richtung ab, welche den Gesamtbetrag der verfügbaren Energie vermindert. Die Proteine müßten also eigentlich in Aminosäuren zerfallen und nicht umgekehrt. Das ist auch tatsächlich der Fall. Bringt man verschiedene Aminosäuren zusammen, so verbinden sie sich nicht zu Proteinen – im Gegenteil: Proteine, die man im Wasser stehen läßt, haben eine Tendenz, in Aminosäuren zu zerfallen. Dieser Zerfall vollzieht sich allerdings sowohl im Reagenzglas als auch in der lebenden Zelle sehr langsam. Die Biochemiker, die mit Proteinen arbeiten, halten den Zerfall dadurch auf, daß sie die Proteinlösungen, die sie aufbewahren wollen, einfrieren. Das ist den Zellen jedoch nicht möglich, und so verlieren sie jeden Tag einen geringen Prozentsatz ihrer Protein-Moleküle.

Daß die Zusammensetzung kleiner Moleküle zu Großmolekülen Energie erfordert, ist verständlich. Es gibt ein allgemeines physikalisches Gesetz, demzufolge Veränderungen in einem System stets den Gesamtbetrag der Unordnung dieses Systems zunehmen lassen – das ist das *Gesetz der Entropie*. Wird etwa die Temperatur erhöht, dann nimmt die Unordnung zu, weil die Moleküle sich schneller umherbewegen. Wenn verschiedene Komponenten zu einem Polymer zusammengesetzt werden, so bedeutet das eine örtliche Zunahme an Ordnung, die dem Entropie-Gesetz zufolge an anderer Stelle durch eine stärkere Zunahme der Unordnung ausgeglichen werden muß. Wenn also insgesamt der Grad der Unordnung steigt, so bedeutet das, daß ein gewisser Teil der Energie verlorengegangen ist.

Man könnte sich denken, daß bei solchen Molekülen wie den Proteinen oder den Nukleinsäuren, bei denen die Sequenz ihrer Bestandteile von einem anderen, als Matrize dienenden Molekül diktiert wird, die bei der Synthese gewonnene Ordnung zum Teil von dieser Matrize stammt. Einen Einfluß hat die Matrize jedoch nur auf die spezifische Reihenfolge der Bestandteile, nicht aber auf den Prozeß, in dem diese zusammengefügt werden. Die vermehrte Ordnung beruht überwiegend darauf, daß die zusammengefügten Monomere sich nicht mehr so frei umherbewegen können wie im unverbundenen Zustand. Die Bindungsenergie kommt wie auch die Ordnung durch die Polymerisierung zustande.

Der Energiegewinn stammt aus der chemischen Energie der Nährstoffe, unter anderem auch aus dem Zucker in meinem Orangensaft. Chemische Energie stellt die einzige Energieform dar, welche die Organismen verwerten können (außer der Energie des Sonnenlichts, die von den Pflanzen eingefangen wird). Der Prozeß der Energieverwertung ist im Grunde ganz einfach: Die Energie, die in den chemischen Bindungen eines Moleküls wie etwa des Zuckers gespeichert war, wird durch eine Reihe chemischer Reaktionen in die Energie überführt, die in den Bindungen der neu entstandenen Moleküle und Polymere der Zellen gebunden ist. Das geht natürlich nicht mit einem hundertprozentigen Nutzeffekt, doch kann der Nutzeffekt bis zu fünfzig Prozent erreichen und ist damit größer als der der meisten Maschinen. Wie bei allen Maschinen geht der Rest der Energie in Form von Wärme verloren.

Durch diese allgemeine Beschreibung wird nicht erklärt, in welcher Weise die Energie der Nährstoffe verwertet wird. Das soll an einem Einzelfall geklärt werden. Die Aminosäuren X, Y, Z . . . können sich allein nicht zu einem Protein verbinden, weil die Reaktion X + Y + Z . . . → XYZ . . . Energie erfordert. Zunächst müssen sie in eine bestimmte chemische Form, die wir als Xa, Ya, Za . . . bezeichnen wollen, umgewandelt werden, damit die Reaktion

Xa + Ya + Za + . . . → XYZ . . . + 3a

Energie freisetzt. Eine Reaktion, bei der Energie frei wird, kann ablaufen, und folglich wird nunmehr das Protein XYZ . . . synthetisiert. Die bei dieser Synthese freigesetzte Energie muß aber irgendwoher kommen; sie stammt aus der Energie, die in den Reaktionen verausgabt wurde, bei denen aus X, Y und Z Xa, Ya und Za wurden.

Xa stellte die *aktivierte* Form von X dar. Diese aktivierte Form entsteht in einer Serie von chemischen Reaktionen, wobei der entscheidende Schritt darin besteht, daß ein Teil eines besonderen Molekültypus auf X übergeht – von einem Molekül mit hoher Energie, oder richtiger: einem Molekül mit einer starken Tendenz, einige seiner Atome an andere Moleküle abzugeben. In dem chemischen Netzwerk der lebenden Zelle gibt es zahlreiche derartige Moleküle mit hoher Energie, unter denen das wichtigste jedoch das Adenosintriphosphat, abgekürzt ATP, ist. ATP kann von seinem Molekül eine Phosphat-Gruppe oder auch den Adenosin-Teil abgeben. Immer wenn ein Molekül aktiviert werden muß, um an einer Synthesereaktion oder an einer anderen chemischen Umwandlung teilnehmen zu können, besteht der entscheidende Schritt in einer Reaktion mit dem ATP. Ständig wird ATP produziert, und ständig wird es zur Aktivierung des chemischen Apparats der Zellen benützt. Für seine Herstellung bedarf es der Energie, die mit den Nahrungsstoffen von außen kommt – beispielsweise mit dem Zucker des Orangensafts – oder in Gestalt von Fetten und Zucker-Polymeren in den Zellen gespeichert ist. Das ATP speichert diese Energie und setzt sie wieder frei, wenn es mit anderen Substanzen reagiert und dabei die Reaktionsfähigkeit von deren Molekülen steigert. Das ATP ist im wahrsten Sinne die Scheidemünze in der Energiewährung der Zelle.

Der universelle Aktivierungsstoff ATP wird nicht durchgängig auf die gleiche Weise aus den Nahrungssubstanzen hergestellt. Die unterschiedlichen Methoden, mit denen die Organismen ihr ATP herstellen, bestimmen nicht nur deren chemische Prozesse, sondern darüber hinaus die gesamte Lebensweise. Bei den Bakterien hängt es etwa von der Art der ATP-Produktion ab, wo der betreffende Organismus leben wird: im Boden, in Milch oder in den Eingeweiden eines warmblütigen Tieres. Bei einem Tier erfordert die ATP-Produktion eine genaue Abstimmung zwischen Blutkreislauf und Sauerstoffzufuhr. Bei den Pflanzen führt sie dazu, daß bestimmte Zellen sich auf das Einfangen der Energie des Sonnenlichts spezialisieren und die übrigen Zellen des Organismus ernähren. Nichts ist für das ökologische Schicksal der Organismen so entscheidend wie ihre speziellen Verfahren der Energiegewinnung.

Zahlreiche chemische Vorgänge in der lebenden Zelle haben wir bereits erörtert, darunter auch die Tatsache, daß die Zellen chemische Katalysatoren enthalten, die aus Protein bestehenden sogenannten Enzyme. Die Bedeutung der Enzyme für die Energieverwertung läßt sich anhand einer chemischen Reaktion von der Art $Xa + Ya \rightarrow XY + 2a$ verdeutlichen. Eine solche Reaktion kann stattfinden, weil sie Energie freisetzt; überläßt man aber eine Mischung aus Xa und Ya in Wasser sich selbst, so wird die Reaktion äußerst langsam verlaufen. Das entsprechende Enzym beschleunigt die Reaktion hundert- und sogar tausendfach. Dadurch wird es möglich, daß die ungeheuer zahlreichen Umsetzungen, die in einem lebendigen Organismus stattfinden müssen, sich in einer angemessenen Zeit vollziehen.

Der bemerkenswerteste Aspekt der Enzyme besteht in ihrer Spezifität. Jedes Enzym katalysiert jeweils nur eine spezifische chemische Reaktion zwischen spezifischen Substanzen. Diese Substanzen und keine anderen werden von dem Enzym erkannt. Das spezifische Erkennen beruht auf der feinen Struktur der Oberfläche des Enzym-Proteins: die Substrat-Substanzen müssen – Atom für Atom – genau in die entsprechende Nische der »aktiven Stelle« des Enzyms hineinpassen. Das Enzym, das durch diese Assoziation mit seinem Substrat selbst deformiert ist, erzwingt anschließend eine spezifische Veränderung in der Gestalt der Substratmoleküle und fördert dadurch deren chemische Reaktionsbereitschaft. Chemische Gruppen in den Substraten werden veranlaßt, Elektronen aufzunehmen, abzugeben oder auszutauschen, und so entstehen als Ergebnis der Reaktion neue Verbindungen.

Das Enzym deformiert zwar die Substratmoleküle in einer bestimmten Weise, doch bleibt das Ergebnis der Reaktion unverändert, gleichgültig, ob die Reaktion mit Hilfe des Enzyms schnell oder ohne es langsam abläuft. Der Grund dafür ist, daß die Milliarden von Molekülen einer Substanz in Lösung beständig durch Zusammenstöße mit anderen Molekülen bombardiert werden. Nach diesen Zusammenstößen sind die Moleküle mehr oder weniger »mit Energie angereichert«, sie besitzen also eine von der normalen Form abweichende Konfiguration. Unter den derart deformierten Molekülen werden einige die gleiche Konfiguration annehmen, die auch das entsprechende Enzym induzieren würde, und infolgedessen werden sie eine chemische Reaktion eingehen. Eine Erhöhung der Temperatur läßt die Zahl der Zusammenstöße steigen und beschleunigt damit die Geschwindigkeit von chemischen Reaktionen.

Die Spezifität der katalytischen Wirkung von Enzymen ist eines der entscheidenden Merkmale des Lebens. Da nur eines oder einige wenige Gene die Herstellung eines einzelnen Enzyms bewirken, hängt die Katalysierung einer Reaktion von einem Gen ab. Die Leistungsfähigkeit der Enzyme entscheidet darüber, wie gut eine Zelle oder ein Organismus als chemische Fabrik funktionieren. Ein Enzym, das imstande ist, in der richtigen Umgebung eine Reaktion in dem genau richtigen Umfang zu katalysieren, trägt damit zu der gesamten Leistungsfähigkeit des Organismus bei. Es kommt allerdings nicht nur auf die aktive Stelle, sondern auch auf die gesamte Struktur des Enzym-Moleküls an: Oft wird die Wirkungsweise eines Enzyms durch eine Wechselwirkung verschiedener Molekülteile mit anderen Regelungsmolekülen beeinflußt. Wenn beispielsweise, wie schon erwähnt wurde, ein ausreichender Bestand an einer bestimmten Aminosäure in einer Zelle erreicht ist, wird die weitere Produktion dieser Aminosäure dadurch gestoppt, daß diese sich mit einem der zu ihrer Herstellung benötigten Enzyme verbindet, das Molekül des Enzyms deformiert und dessen Wirksamwerden solange hemmt, bis der Aminosäure-Bestand in der Zelle wieder gesunken ist.

Das gesamte System der chemischen Katalyse und ihrer Regelung wirkt so präzise, daß man beinahe an eine planvolle Einrichtung denken muß, und so ist denn auch ein besonderer Ausdruck geprägt worden, um die scheinbar planvolle Funktionsweise der biochemischen Mechanismen zu charakterisieren: *Teleonomie*. Doch wie überall in der Evolution ist die Zweckhaftigkeit nur scheinbar. Es ist die natürliche Auslese, die auch hier wirksam ist. Die Mutation eines bestimmten Gens kann die Struktur, die Wirkungsweise und die Regelung des entsprechenden Enzyms und damit das gesamte chemische System der Zelle verändern. In den meisten Fällen wird die Mutation das bestehende Gleichgewicht der chemischen Prozesse in einem gewissen Maße stören, doch in einigen Fällen wird sie zu einer verbesserten Leistung führen. Wenn der Fortpflanzungserfolg des Organismus durch die veränderten Gene auch nur geringfügig verbessert wird, sorgt die natürliche Auslese für deren Erhaltung und Vermehrung. Wichtig ist, daß die Gene im Evolutionsprozeß nicht direkt nach ihrer primären Funktion, sondern allgemein danach beurteilt werden, in welchem Maße ihre Proteinprodukte funktionieren. Hier wirkt die Auslese präzise, streng und auf eine deterministische Weise – im Unterschied zu den Mutationen, die zufällig und unvorhersehbar auftreten und probabilistischer Natur sind. Dies ist das wesentliche Unterscheidungsmerkmal für die Rolle, welche die Mutation der Gene und die Leistung der Proteine als die beiden Haupttriebkräfte in der biologischen Evolution spielen; der französische Biochemiker Jacques Monod hat diesen Unterschied durch den Titel seines Buches ›Zufall und Notwendigkeit‹ hervorgehoben.

Wenn wir uns nun wieder der Frage zuwenden, auf welche Weise chemische Energie gewonnen und verwendet wird, so gibt es in der gesamten Lebenswelt nur zwei Prozesse, durch welche Energie freigesetzt und verfügbar gemacht wird: *Gärung* und *Atmung*. Wenn Hefezellen aus Zucker Alkohol und

Kohlendioxid machen, so handelt es sich um Gärung. Bei der Gärung werden Elektronen verlagert, und bei diesem Vorgang wird etwa ein Zwanzigstel der Energie der Zuckermoleküle freigesetzt: Davon wird eine Hälfte zu Wärme, der Grund dafür, warum Gärbehälter gekühlt werden müssen; die andere Hälfte steht in Form von ATP der Hefe zur Verfügung, die aus einem Molekül Zucker zwei Moleküle ATP gewinnt.

Wenn alle übrigen benötigten Nährstoffe vorhanden sind, können lebende Hefezellen aus diesem ATP weiteres Zellmaterial aufbauen. Im Fruchtsaft sind die übrigen Nährstoffe in zu geringer Menge vorhanden, als daß die Hefe hier wachsen könnte; es bilden sich jedoch große Mengen an Alkohol und Kohlendioxid. Da die Hefezellen nicht wachsen können, wird das ATP überflüssig, und der dafür benötigte Energieanteil verwandelt sich ebenfalls in Wärme. Die industrielle Nutzung von Gärprozessen etwa bei der Weinherstellung sammelt also gerade das, was für die Hefezellen nur ein Abfallprodukt ist – den Alkohol.

Was bei der Hefe geschieht, vollzieht sich auch in anderen Zellen. Die Muskelfasern brauchen, damit sie sich zusammenziehen können, ATP, das sie gewöhnlich durch die Gärung von gespeichertem Zucker erlangen. Dabei produzieren sie Milchsäure, die gleiche Substanz, die auch die Milch sauer werden läßt, wenn Bakterien in ihr wachsen und den Milchzucker fermentieren. Die Milchsäure muß aus dem Muskel entfernt werden; sie wird vom Blut übernommen, das sie zur Ablagerung in die Leber transportiert. Wird bei starker körperlicher Anspannung Milchsäure schneller produziert, als sie beseitigt werden kann, dann entwickeln sich Muskelschmerzen und Krämpfe.

Die Gärung ist allerdings nicht sehr effektiv; wenn Hefepilze oder Muskeln die Gärung von Zucker beendet haben, bleibt sehr viel ungenutzte chemische Energie übrig. An diesem Punkt setzt die Atmung ein. Die Atmung benutzt Sauerstoff, um sehr viel vollständiger zahlreiche chemische Substanzen zu oxidieren, d. h. deren Elektronen auf den Sauerstoff zu übertragen und dadurch Wasser zu bilden. Bei diesem Vorgang wird sehr viel mehr ATP produziert: etwa 40 Moleküle aus einem Zuckermolekül statt lediglich zwei bei der Gärung. In chemischer Hinsicht ist der Gesamtvorgang der Umsetzung von beispielsweise Zucker in Kohlendioxid und Wasser der gleiche wie bei der Verbrennung von Zucker über einer Flamme. In lebenden Zellen verläuft dieser Vorgang, bei dem die Elektronen eine Kette von präzise aufeinander abgestimmten Reaktionen durchwandern, allerdings unter normaler Temperatur, und in diesen Reaktionen wird eine beträchtliche Menge ATP gebildet. Muskeln, die für sehr schwere Arbeit enorme Mengen von ATP brauchen – beispielsweise die Flugmuskeln von Insekten oder von Vögeln –, bedienen sich nicht der Gärung des Zuckers; sie verwenden den Sauerstoff aus dem Blut, um den Zucker vollständig zu oxidieren. Für ihren Bedarf wäre die Gärung viel zu unwirksam.

Die Biochemiker verwenden das Wort Atmung in einem anderen als dem landläufigen Sinne. Für sie bezeichnet es nicht den Austausch von Sauerstoff und Kohlendioxid zwischen dem Blut und der Luft in den Lungen; Atmung im biologischen Sinne bedeutet die Oxidation einer chemischen Verbindung mit Hilfe von Sauerstoff. Bei allen Oxidationsvorgängen wird Energie freigesetzt; wie weit diese Energie dem Leben dient, hängt davon ab, in welchem Umfang sie in ATP-Molekülen eingefangen und der chemischen Nutzung zugeführt wird. Die biochemische Atmung in pflanzlichen und tierischen Zellen besitzt jedoch noch ein weiteres Merkmal: Ihre Enzyme sind in jenen zellulären Partikeln konzentriert, die man als Mitochondrien bezeichnet und die, wie schon erwähnt, als Kraftwerke der Zelle fungieren. Das in dem Mitochondrion produzierte ATP wird für alle möglichen Zwecke in das Zellinnere entlassen. Vermutlich ist die Atmung mit Hilfe von Luftsauerstoff zunächst von Bakterien »erfunden« worden – die meisten Bakterien benützen sie noch immer; wahrscheinlich haben einige dieser Bakterien, nachdem sie von anderen Zellen verschlungen worden waren, die Atmung an diese Zellen weitergegeben. Erst als durch die Entwicklung des Blutes und des Blutkreislaufes der Sauerstoff zu jeder einzelnen Zelle des Körpers gebracht werden konnte, wurde es möglich, daß sich aus diesen Zellen komplexe, vielzellige Tiere bildeten.

Jedenfalls muß die Atmung eine verhältnismäßig junge Erfindung sein. Im Anfang – lange bevor das Leben begann – bestand die Oberfläche der Erde überwiegend aus Metallen und Steinen, doch muß sie auch große Mengen organischer Materie enthalten haben. In Experimenten wurde gezeigt, daß aus einfachen Substanzen organische Verbindungen entstehen, wenn man sie der Strahlung oder elektrischen Entladungen aussetzt, wie sie in der Frühzeit der Erde sicherlich vorgekommen sind. Von größter Bedeutung ist, daß es damals keinen freien Sauerstoff gab. Als sich die ersten Organismen entwickelten, stand ihnen folglich als einziger Energie liefernder Mechanismus allein die Gärung zur Verfügung.

Als der Vorrat der Erde an gärungsfähigen Kohlenstoffverbindungen zu Ende ging, weil die ersten Lebensformen sich ausbreiteten, hatte sich in der Atmosphäre Kohlendioxid angesammelt. Da entwickelte sich eine neue Art der Energiegewinnung – die *Photosynthese*, die das Sonnenlicht einfängt und dessen Energie für die ATP-Produktion nutzt. Dieses ATP sollte die Energie für eine Reihe von Reaktionen liefern, in denen das Kohlendioxid eingefangen und damit Kohlenstoffatome aus der Atmosphäre wieder in den Kreislauf der lebenden Organismen eingeführt werden.

Zunächst war die Photosynthese das Vorrecht von einigen wenigen Bakterienarten. Doch dann trat – wahrscheinlich mehrere hundert Millionen Jahre später – eine zweite, andere Entwicklung ein, aus der sich die besondere Form der Photosynthese ergab, die wir heute bei grünen Pflanzen zu Lande als auch im Wasser beobachten. Diese Form der Photosynthese zeichnet sich dadurch aus, daß sie Kohlendioxid aufnimmt und Sauerstoff freisetzt. Mit der Ausbreitung dieses Prozesses entstand der heute in der Atmosphäre vorhandene Sauerstoff, und damit änderte sich die Geschichte des Lebens auf der Erde grundlegend. Der freie Sauerstoff ermöglichte die Atmung und trug so dazu bei, daß die verwertbare Energiemenge enorm stieg, welche die Organismen aus organischen Nährstoffen gewinnen konnten. Die Pflanzen binden also mittels der Photosynthese das Kohlendioxid und stellen die organischen Substanzen her, die allen Tieren als Nahrung dienen. Zugleich liefern sie den Sauerstoff, den die Tiere für eine maximale Ausnutzung ihrer Nahrung benötigen.

Man glaubt heute, daß die intrazellulären Teilchen, die in den Pflanzenzellen die Photosynthese durchführen – man nennt sie *Chloroplasten* –, sich wie die Mitochondrien von den Bakterien herleiten. In welcher Weise sich diese Entwicklung vollzog, ist noch immer ein Gegenstand der Spekulation; keines der heute existierenden Bakterien kommt als Vorläufer der Mitochondrien und Chloroplasten in Frage. Aufgrund der durchgängig zu beobachtenden Kontinuität der biochemischen Prozesse ist es jedoch möglich, die Geschichte des

Kampfes um die Energie während der Evolution des Lebens zu rekonstruieren.

Zunächst muß die Gärung dagewesen sein. Dann müssen durch eine Abweichung in der Chemie des Gärungsprozesses einige Bakterien oder bakterienähnliche Organismen begonnen haben, unter Verwendung der Energie aus verschiedenen chemischen Verbindungen durch das Einfangen von Kohlendioxid organische Materie, also Zellsubstanz, herzustellen. Anschließend haben einige dieser Organismen den Trick »erlernt«, die Energie des Sonnenlichts zu nutzen. Aus diesen entwickelten sich Organismen, welche die Photosynthese benutzten und Sauerstoff freisetzten. Diese wiederum ermöglichten die Atmung, und das Endergebnis war die Eroberung der gesamten Erde durch die lebendigen Organismen.

Wenn die Photosynthese und die Atmung so wirkungsvolle Mechanismen sind, um die Energie des Sonnenlichts in organischen Substanzen festzuhalten und ein Maximum an verwertbarer Energie aus diesen zu gewinnen – warum haben sich dann andere Formen der Energiegewinnung erhalten? Die Antwort ist nicht einfach und – wie es in Fragen der Evolution häufig der Fall ist – Gegenstand von Vermutungen. Es gibt aber zumindest einen Aspekt, unter dem diese anderen Formen der Energiegewinnung heute für die biologischen Vorgänge relevant sind: Die Gärung spielt eine Rolle beim biologischen Abbau. Tote Organismen und tote Teile von Organismen wie etwa Pflanzenblätter lagern sich ständig im Boden und im Wasser ab. Hier werden sie zur Beute von Mikroorganismen, von denen sie abgebaut und als Nahrung verwendet werden. Letztlich wird jegliche organische Materie wieder in verwertbare Substanzen umgewandelt. Einige dieser Umwandlungsprozesse werden von Mikroben ausgeführt, die dazu Luft verwenden; nicht minder bedeutsam ist jedoch, daß mit der Gärung arbeitende Organismen auch dort wirksam sind, wo kein Sauerstoff hinkommt: in den Eingeweiden von Tieren, in Faulschlammbehältern, im Boden des Wattenmeeres oder in ungepflügtem Boden. Gärungsvorgänge, die sich in derart ungastlichen Umgebungen abspielen, sind ein wesentlicher Bestandteil des chemischen Kreislaufs, dem das Leben auf der Erde seinen Erfolg verdankt. Eine ähnliche Situation herrscht im menschlichen Körper. Die im Körperinneren verborgenen und für die Sauerstoffversorgung auf den Blutkreislauf angewiesenen Zellen der Muskeln und anderer Organe haben sich eine gewisse Unabhängigkeit in der Energieversorgung zumindest für Routinearbeiten dadurch bewahrt, daß sie Zucker speichern, den sie mit Hilfe der Gärung verwerten.

Die natürliche Auslese hat in ihrem Opportunismus alle Dinge bewahrt, die sich als einigermaßen nützlich für das Leben erwiesen haben. So falsch, wie es wäre, in der Evolution einen Prozeß zu sehen, in dem die »stärkeren« Organismen überleben und die »schwächeren« untergehen, so unbegründet ist die Annahme, daß die natürliche Auslese in dem Augenblick, in dem sie einen wirksameren Mechanismus der Mobilisierung von Energie für den Lebensvorgang entdeckt hat, alle nicht so wirkungsvollen Mechanismen ausschalten müßte. In der Evolution ist es wie in den Beziehungen zwischen den Menschen: Am klügsten wird eine Aufgabe sicherlich dann gelöst, wenn man zwischen verschiedenen, einander gegenseitig verstärkenden und ergänzenden Verfahrensweisen ein ausgewogenes Verhältnis wahrt.

7   Die Form

Die Natur formt aus einzelnen Atomen Kristalle; aus Holz, Steinen oder Ziegeln baut der Mensch Häuser; der Bildhauer modelliert aus formlosem Ton seine Werke. Welcher dieser Vorgänge kommt der Herstellung einer Zelle aus ihren molekularen Bestandteilen am nächsten?

Wenn Atome in wäßriger Lösung sich zu einem Kristall zusammenfügen, so sind dafür ausschließlich ihre eigenen physikalischen und elektrischen Eigenschaften verantwortlich; diese Eigenschaften sorgen dafür, daß die Atome sich denjenigen Atomgruppen nähern, die sich bereits auf der Oberfläche des wachsenden Kristalls befinden, und daß sie sich mit diesen durch elektrische und andere Anziehungskräfte verbinden. Auf diese Weise wächst der Kristall; seine Form ergibt sich unmittelbar aus seiner molekularen Struktur. Wenn ein Haus gebaut oder eine Skulptur geformt wird, tritt ein anderes Element hinzu – ein Plan, ein Programm, das nicht in den Rohstoffen enthalten ist. Hier erwächst die Form aus der Struktur des Materials, indem ein bewußter Zweck hinzutritt.

Alle Zellen entstehen aus der Teilung einer vorher existierenden Zelle. Jede Zelle besitzt eine bestimmte Organisation, die ihrer Funktion so hervorragend entspricht, daß es den Anschein hat, als sei die Zelle aus einer bestimmten Absicht heraus geschaffen worden. Bei dem Vorgang, der aus einer Zelle zwei Zellen entstehen läßt, werden neue Moleküle synthetisiert, aus deren Zusammentreten die verschiedensten zellulären Strukturen entstehen: Chromosomen, Membranen, Mitochondrien und viele andere. Die Zelle als ganze hat eine mehr oder weniger festgelegte Gestalt – allerdings nicht die einfache Kugelform, die ein formloser Tropfen einer viskösen Flüssigkeit wie Öl im Wasser von selbst annehmen würde. Wie ein Haus oder eine Skulptur besitzt die Zelle eine Form. In dieser Form äußert sich die molekulare Struktur der Zellsubstanz. Der Kristall nimmt aufgrund der naturgesetzlichen Verknüpfung bestimmter chemischer Gruppen spontan Gestalt an – die Zelle nicht; gewisse Merkmale der Zelle haben dabei eine spezifische Führungsaufgabe.

Unter den verschiedenen Molekültypen, die in der Zelle vorhanden sind, spielen die zahlreichen kleinen Moleküle mit Sicherheit keine unmittelbare Rolle bei der Formgebung, denn sie befinden sich in wäßriger Lösung und bilden keine Kristalle. Unter den verschiedenen Klassen von Großmolekülen besitzt die DNA eine wohldefinierte eigene Struktur – die Struktur einer Doppelhelix. Außer wenn sie sich gerade verdoppelt oder die einzelnen Gene in Funktion sind, ist die Struktur der DNA jedoch in sich geschlossen, starr und monoton. Allerdings bildet die DNA das Rückgrat der Chromosomen, die sich aus DNA, aus Proteinen und RNA zusammensetzen. Bei einiger Erfahrung läßt sich leicht unter dem Mikroskop erkennen, daß Gestalt und Erscheinung der einzelnen Chromosomen relativ konstant sind. In der Gesamterscheinung des einzelnen Chromosoms schlägt sich mit Sicherheit die in ihm enthaltene DNA-Menge und wahrscheinlich auch die Reihenfolge der einzelnen Gene nieder. In manchen Fällen sind die bandförmigen Chromosomen unter dem Mikroskop deutlich zu sehen, und jedes Band ist an seiner charakteristischen Erscheinungsform zu erkennen; es entspricht einem bestimmten Gen oder einer bestimmten Gruppe von Genen. Die spezifische Form des Chromosoms und auch Menge und Art der Proteine, die sich dem Rückgrat der DNA-Doppelhelix anlagern, werden also von der jeweiligen Basensequenz festgelegt. Doch wissen die Biologen immer noch so gut wie nichts davon, auf welcher chemischen Grundlage die Unterschiede zwischen den Chromosomen beruhen.

Die Proteine sind ideale Grundstoffe für den Aufbau von zellulären Strukturen; in ihrer Beschaffenheit entsprechen sie dem Material des Bildhauers eher als dem des Architekten; jedes Protein bildet eine chemische und strukturelle Einheit für sich. Seine jeweils spezifische Form und Oberfläche, die genau auf seine Funktion abgestellt sind, entstehen durch die Faltungen, Krümmungen und Drehungen seiner Aminosäureketten; die gegenseitige Anziehung und Abstoßung seiner chemischen Bestandteile entscheidet darüber, welche Form ein Protein schließlich annimmt. Es ist gleichsam, als würde der Ton auf dem Arbeitstisch des Bildhauers sich selbst spontan zu einem Kunstwerk formen. Auch wenn zwei oder mehr Aminosäureketten zusammen ein Proteinmolekül bilden, treten sie ganz von selbst zusammen, weil ihre Kontaktflächen exakt zueinander passen. Ein Beispiel für eine derartige präzise und spontane Assoziation sind die Hämoglobin-Moleküle der roten Blutkörperchen.

Wenn die Proteinketten sich zusammenfalten und wenn zusammengefaltete Ketten sich zu vollständigen Molekülen zusammenschließen, so geschieht das, ohne daß irgendein »Wissen« von außen sie dabei leiten würde und ohne daß sie einer

Energiezufuhr von außen bedürften. Die Ketten eines Proteins, die man künstlich voneinander getrennt hat, fügen sich wieder zu ihrer ursprünglichen Form zusammen. Eine Proteinkette, die durch chemische Behandlung dazu gebracht wurde, sich zu entfalten, ohne zu zerbrechen, nimmt allmählich wieder ihre vorherige gefaltete Form an. Das gesamte Wissen, dessen es bedarf, damit die Proteinketten sich wieder zusammenfalten und wieder zusammentreten, muß in den Proteinketten selbst enthalten sein – also in der Sequenz der Aminosäuren, die von den entsprechenden Genen diktiert wird.

Wenn alle Moleküle eines bestimmten Proteins – etwa des Hämoglobins – einander exakt gleichen und sich exakt in der gleichen Weise zusammenfalten und verbinden, so deshalb, weil die chemischen Gruppen einer nichtgefalteten Proteinkette einem physikalischen Gesetz gehorchen, demzufolge alle Körper einen Zustand minimaler Energie anstreben. Nach dem gleichen Gesetz bildet eine Wassermenge in Reaktion auf die Schwerkraft eine Oberfläche, die dem Meeresspiegel parallel ist, und nach dem gleichen Gesetz bildet eine kleine Flüssigkeitsmenge einen kugelförmigen Tropfen, also die Form mit der kleinsten möglichen Oberfläche. Ohne daß man auf sie einwirkt, ordnen sich die chemischen Gruppen einer Proteinkette wie diejenigen eines beliebigen anderen Moleküls so, daß die Energie des Moleküls auf ein Minimum reduziert wird. Dabei entsteht keine Kugel, sondern diejenige Form, bei der die Anziehungskräfte zwischen den chemischen Gruppen des Moleküls am stärksten und die Abstoßungskräfte am geringsten sind. Auf diese Weise nehmen die verschiedenen Proteine die unwahrscheinlichsten Gestalten an – von einer annähernd sphärischen über eine fadenförmige bis zu einer scheibenähnlichen Gestalt.

Die Vereinigung von Proteinen zu Formen von größerer

Komplexität macht nicht bei der Bildung komplexer Protein-moleküle aus mehreren gefalteten Ketten Halt. Die Proteine haben Aufgaben zu erfüllen, die sich durch eine noch weiter-gehende Komplizierung des Zusammenbaus erreichen lassen. Eine dieser Aufgaben besteht darin, den Wirkungsgrad der Katalyse zu steigern. Man stelle sich eine Reihe von chemi-schen Reaktionen vor, bei denen die Produkte der einen Reak-tion der anschließenden Reaktion als Substrate dienen. Selbst-verständlich ist der Wirkungsgrad höher, wenn die Katalysa-toren in einer bestimmten Anordnung in einem einzigen Kom-plex zusammengefaßt sind; eine Fabrik weist ja auch eine größere Effizienz auf, wenn die Bearbeitungsmaschinen im Produktionsablauf in einer bestimmten Weise angeordnet wer-den. Es gibt derartige Produktionsketten bei den Enzymen, wie sich sehr gut an jenen Enzymen zeigen läßt, welche die langen Kettenmoleküle der Fette und Öle aufbauen. Mehrere Dutzend Enzym-Moleküle sind in einem einzigen Komplex zusammengefaßt: Eines dieser Enzyme nimmt das kleine Mo-lekül auf, das der wachsenden Kette hinzugefügt werden soll; ein anderes Enzym fügt es an; eine weitere Gruppe von En-zymen katalysiert eine Reihe von Reaktionen, in denen das wachsende Kettenmolekül darauf vorbereitet wird, daß das nächste Kleinmolekül angefügt werden kann. Wenn das Molekül schließlich seine volle Länge erreicht hat, löst es sich von dem Enzym-Komplex, wie wenn ein fertiggestelltes Au-to das Montageband verläßt. In Wirklichkeit übertrifft die-ser Komplex die Produktionskette in der Fabrik, weil er ei-nen Produktionskreislauf darstellt, den das aufzubauende Pro-dukt immer wieder durchläuft, bis es fertiggestellt und ar-beitsfähig ist.

Derartige Enzym-»Gemeinschaften« sind gar nicht selten. Zu den bemerkenswertesten Beispielen einer funktionalen Verbindung verschiedener Proteine gehört jene Zusammenstellung, die für die Muskelkontraktion verantwortlich ist. Was sich bei dieser Kontraktion tatsächlich abspielt, hat uns das Elektronenmikroskop enthüllt. Die Muskelzellen enthalten zwei verschiedene Gruppen einander benachbarter Proteinfäden. Wenn eine Muskelzelle von einem Nerv einen Kontraktionsreiz erfährt, verschieben sich die beiden mit Actin und Myosin bezeichneten Fäden gegeneinander und verbrauchen dabei ATP. Die beiden Proteine sind derart in die Struktur der Muskelzelle eingebaut, daß sich durch ihre Verschiebung die Länge der Muskelzelle verkürzt, genau wie ein ausziehbares Fernrohr kürzer wird, wenn man seine Teilglieder ineinander schiebt. Wenn der Kontraktionsvorgang beendet ist, gleiten die Proteine in ihre vorherige Stellung zurück, und der Muskel bekommt wieder seine ursprüngliche Länge.

Die Zellen haben im Laufe der Evolution eine Vielzahl weiterer Wege entdeckt, um die Wirksamkeit der Proteine zu erhöhen. So läßt sich etwa auch durch Zerstörung größere Wirksamkeit hervorrufen. Ein passendes Beispiel ist hier das Insulin, das Hormon, welches die Symptome der Diabetes unterdrückt. Das in der lebenden Zelle frisch produzierte Insulin-Molekül besteht aus einer einzigen Kette von 84 Aminosäuren und besitzt überhaupt keine hormonale Wirksamkeit. Erst nachdem zwei Enzyme aus der Mitte der Kette ein aus 33 Aminosäuren bestehendes Stück herausgebrochen und die beiden Endstücke sich zu einer neuen Konfiguration zusammengeschlossen haben, wird das Molekül aktiv. Die endgültige Form entsteht wie bei der Bildhauerei dadurch, daß Material fortgenommen und hinzugefügt wird – durch Abspalten und zugleich durch Aufbauen.

Die lebenden Organismen verwenden molekulare Verbindungen in großem Maße zum Aufbau von mechanischen Stützen und Gerüsten. Proteine eignen sich hervorragend für diese Aufgaben. Aus Proteinen bestehen etwa die Seide, die Wolle und das Haar, aber auch die als Kollagen bezeichnete Substanz der Sehnen und der Knochen. Diese Proteine stellen aber insofern etwas Besonderes dar, als ihre Aminosäureketten sich nicht zu mehr oder weniger abgeschlossenen Molekülen zusammenfalten, sondern in gebündelter Form Fasern bzw. Platten von sehr großer Zugfestigkeit bilden, wie man sie bei der Seide, bei der Wolle und bei den Sehnen feststellen kann, mit denen die Muskeln an den Knochen befestigt sind. Bei den Knochen wird das Kollagen mit festen Substanzen durchtränkt, die von besonderen Zellen ausgeschieden werden; dadurch entstehen die festen Strukturen, die dem Körper seine Gestalt verleihen. In diesem Falle kommt jedoch in der endgültigen Form nicht bloß die Struktur eines einzigen Proteins zum Ausdruck; die Form, die der Körper schließlich annimmt, beruht auf dem Zusammenwirken einer ganzen Reihe physiologischer und genetischer Prozesse.

Die aus globulären Molekülen bestehenden Proteine können ebenfalls zur Struktur und Gestalt beitragen. Viele kleine globuläre Proteinmoleküle, die alle miteinander identisch sind, bilden in linearer Anordnung die Actinfasern in den Muskelzellen. Das proteinhaltige Gerüst zahlreicher zellulärer Strukturen besteht aus derartigen Anordnungen, darunter auch die Fortsätze, die manche Zellen zur schwimmenden Fortbewegung (etwa die Spermazellen) oder zur Erzeugung eines Flüssigkeitsstroms auf ihrer Oberfläche (beispielsweise in der Nase und in der Luftröhre) benutzen. Die Grundeinheit für viele dieser Strukturen stellen die sogenannten Mikroröhren dar, feinste, aus Protein bestehende Röhrchen, aus denen auch die Spindelfasern bestehen, die am Ende der Zellteilung die Chromosomen auseinanderziehen. Überall wo die Zelle ein halbsteifes Gerüst benötigt, verwendet sie als Untereinheiten derartige Mikroröhren. Die Mikroröhren entstehen zusammen mit den recht geheimnisvollen zellulären Strukturen, die man als Centriolen oder Zentralkörperchen bezeichnet und die an den verschiedenartigsten zellulären Vorgängen beteiligt sind. Beispielsweise sind Centriolen und Mikroröhren die Kernbestandteile jener Strukturen im Ohr, deren Aufgabe die Analyse der Geräusche ist. Die Klangwellen rufen mechanisch bei einer Gruppe von Mikroröhren eine Krümmung hervor, die eine Verformung der Zellmembran bewirkt, welche daraufhin das elektrische Signal erzeugt, das über die Nervenfasern an die Hörzentren des Gehirns weitergeleitet wird.

Ein Bereich, in dem Proteine in geradezu artistischer, geometrischer Weise als Baumaterialien verwendet werden, ist die Formgebung der Viren. Das Virus besteht, wenn es die Zelle verläßt, in der es entstanden ist, aus einem Nukleinsäure-Molekül, das von einer Kapsel umgeben ist, die aus einer oder mehreren Proteinschichten gebildet wird. Diese Proteinhüllen können die merkwürdigsten Formen annehmen. Bei einem der einfachsten Viren, das nach der Krankheit, die es bei der Tabakpflanze hervorruft, als Tabakmosaikvirus bezeichnet wird, besteht die Hülle aus 2130 identischen Proteinmolekülen, die eine Röhre bilden, in der das Nukleinsäuremolekül sich befindet. Bei einem der größten Viren, dem Adenovirus, das Erkältungskrankheiten hervorruft, besteht die Hülle aus vielen tausend Proteinmolekülen, die in einer vollkommen geometrischen, kristallähnlichen Form angeordnet sind, so daß ein aus zwanzig Flächen gebildeter Körper entsteht, der zwölf Spitzen aufweist – ein als Ikosaeder bezeichnetes vielflächiges Gebilde. Jede der Spitzen ist mit einem aus mehreren Proteinen bestehenden Dorn versehen.

Wenn man den Aufbau der Hülle von Viren mit dem Elektronenmikroskop sorgfältig untersucht, stellt sich heraus, daß die Proteinmoleküle gemäß den wohlbekannten Prinzipien der Festkörpergeometrie angeordnet sind, die auch von den Architekten angewendet werden, wenn sie unter Verwendung von gleichförmigen Bauelementen annähernd kugelförmige Dachkonstruktionen von größter Tragfähigkeit errichten wollen. Die Eiweißkapseln der Viren erinnern sehr stark an Buckminster Fullers Kuppelgewölbe.

Die vollkommene geometrische Gestalt der viralen Kapseln ist mindestens so bemerkenswert wie die symmetrische Gestalt der Seesterne und Seeigel. Bei diesen Tieren wie bei allen komplexen Organismen geht die Gestalt jedoch aus einem komplizierten Entwicklungsprozeß hervor, der auf interzellulären Wechselwirkungen beruht, deren verwickelten Mechanismus wir noch nicht kennen. Die Gestalt des Virus ergibt sich ganz einfach aus dem Zusammenschluß von Proteinmolekülen, die – wie alle molekularen Strukturen – einen Zustand minimaler Energie anstreben. Es ist unter den entsprechenden Bedingungen möglich, ein Virus im Reagenzglas aus seinen Bestandteilen zu rekonstruieren. Die rekonstruierten Viren sind genauso funktionsfähig, genauso »lebendig« wie die auf natürliche Weise entstandenen Viren. Die von den Genen des Virus hervorgebrachten Proteine treten also spontan mit der viralen Nukleinsäure zusammen, bauen eine bestimmte Gestalt auf und lassen dadurch einen lebenden Organismus wiedererstehen.

Wenn es möglich ist, ein Virus nachzubilden, so müßte es eigentlich auch möglich sein, in einem ähnlichen Verfahren eine Zelle zu rekonstruieren. Nun ist allerdings das Virus ein aufs äußerste reduzierter Organismus. Es benützt für seine gesamten Lebensfunktionen die Maschinerie der Wirtszelle, in der es sich vermehrt, und deshalb benötigt es im freien, extrazellulären Zustand lediglich einen schützenden Mantel sowie ein Mittel, um in eine fremde Zelle einzudringen. Die lebende Zelle ist dagegen mehr als ein bloßer mechanischer Zusammenhang – sie ist ein offenes System, das über einen Energie- und Materialaustausch verfügt und – was noch wichtiger ist – eine Geschichte hat. »Jede Zelle stammt von einer anderen Zelle« – das war in den letzten hundert Jahren einer der Hauptgrundsätze der biologischen Theorie. Kann dieser Satz eventuell widerlegt werden, wenn man Bedingungen herstellt, in denen die wesentlichen Bestandteile der Zelle sich unter der Einwirkung ausschließlich physikalisch-chemischer Kräfte zu einer funktionierenden lebenden Zelle zusammenschließen?

Das ist keine müßige Frage; sie kommt der Frage gleich, ob der gesamte Aufbau der Zellen, so wie wir ihn heute kennen, von der inneren Struktur der sie bildenden Moleküle diktiert wird (in diesem Falle müßte eine künstliche Nachbildung zumindest prinzipiell durchführbar sein) oder ob das Organisationsmuster der Zelle selbst gewissermaßen eine eigenständige, wesentliche Bedeutung erlangt hat. In diesem Falle wäre es unmöglich, eine einmal verlorengegangene zelluläre Organisation dadurch zurückzugewinnen, daß man lediglich die molekularen Bestandteile wieder zusammenfügt; wenn man die Zelle nämlich auflöst, geht ein wesentliches Informationselement verloren – die Information, die in den bereits existierenden Zellstrukturen steckt und die bei der Vermehrung der Zelle als »Anstoß« für den Aufbau neuer Strukturen benötigt wird.

Es ist nicht leicht, zwischen diesen beiden Antwortmöglichkeiten die Wahl zu treffen. Die Mehrheit der Biochemiker wird wahrscheinlich der ersten Hypothese zuneigen, nämlich daß die molekularen Elemente einer Zelle, wenn man sie unter idealen Bedingungen zusammenbringt, wieder eine lebende Zelle bilden können. Einige Biologen werden jedoch dagegen Einwände erheben und die Auffassung vertreten, daß gewisse Muster der zellulären Organisation im Verlaufe der Evolution eine relativ selbständige Bedeutung gewonnen haben, daß also die Existenz solcher Muster für ihre eigene Selbsterhaltung in einander ablösenden Zellgenerationen unerläßlich geworden ist. Für solche Spekulationen gibt es einige Anhaltspunkte, insbesondere wenn man die Struktur der Membranen betrachtet, welche die Zellen nach außen und deren Abteilungen im Inneren voneinander abgrenzen.

Die Zellmembran hat sehr vielen Anforderungen zu genügen. Sie muß den Eintritt und Austritt von Wasser und von anderen Substanzen gestatten. Sie muß je nach den Bedürfnissen der Zelle verschiebbar und wandelbar sein. Sie muß die Proteine, die als Träger und Transportmittel bestimmter Substanzen dienen, aufnehmen und in die ihrer Funktion entsprechende Lage bringen. Um diese Zwecke erfüllen zu können, darf die Membran nicht so starr, muß sie flüssiger sein als eine aus Proteinen gebildete Wand, und doch muß sie eine gewisse Organisation besitzen.

Das Skelett aller Membranen wird aus Molekülen gebildet, die zur Klasse der *Phospholipoide* gehören. Diese Phospholipoide sind den gewöhnlichen Fetten verwandt, doch während Fettmoleküle wasserunlöslich sind, besitzen die Phospholipoid-Moleküle einen »Kopf« und einen »Schwanz«, wobei der Kopf elektrisch geladen ist und eine starke Affinität zu Wasser zeigt, während der fettartige Schwanz wasserabweisend ist. Wenn man eine kleine Menge Phospholipoid ins Wasser streut, bildet sich auf der Wasseroberfläche eine einmolekulare Schicht, deren Moleküle den Kopf ins Wasser und den Schwanz herausstecken. Wenn man das Phospholipoid dagegen auf dem Wasser keine Schicht bilden läßt, sondern beides zusammen schüttelt, ergibt sich eine Emulsion, jedoch eine andere Emulsion als die von Öl in Wasser oder die von selbstgemachter Mayonnaise, in der das Öl tatsächlich vollständige Tropfen bildet. Die Phospholipoid-Emulsion besteht aus geschlossenen, mit Wasser gefüllten Blasen. Jede Blase ist von zwei Molekülschichten umgeben; in der oberen Schicht weist der Kopf nach außen, in der unteren nach innen, so daß die Schwänze aller Moleküle einander zugekehrt und vom Wasser abgekehrt sind. Für eine Suspension von Phospholipoid in Wasser stellt die geschlossene Blase den Zustand minimaler Energie dar.

Eine solche Doppelschichtstruktur ist die Grundlage aller biologischen Membranen; sie besitzt zahlreiche bemerkenswerte Eigenschaften. Eine aufgeplatzte Phospholipoid-Blase schließt sich wieder, denn der Rand der Öffnung hat die Tendenz, den Zustand minimaler Energie wiederherzustellen, in dem die fetthaltigen Molekülenden gegen Wasser geschützt sind. Das ist der Grund, warum man Zellen punktieren kann, ohne sie zu töten: Die Membran schließt sich von selbst wieder. Auch kann die Membran je nachdem, wie stark das Schwanzende der Moleküle sich verformt, mehr oder weniger »flüssig« oder »fest« sein. Die Phospholipoid-Moleküle in der Zellwand von Bakterien, die sich bei niedriger Temperatur vermehren, zeigen in verstärktem Maße verformte Molekülenden, und bei hohen Temperaturen gilt das Gegenteil. Man könnte sagen, die Bakterien seien darauf programmiert, ihre Membranen mehr oder weniger starr werden zu lassen und so mit Hilfe der Biochemie gegen Hitze und Kälte anzugehen. Bei normaler Temperatur scheinen die Membranen so flüssig zu sein, daß ihre Bestandteile sich nach außen hin relativ rasch vermischen können, und doch behalten sie ihre exakt organisierte Form, und sie kontrollieren weiterhin den Austausch zwischen den Flüssigkeiten auf beiden Seiten.

In der fertigen Membran sind die Phospholipoide lediglich das tragende Element; eine aktive Rolle spielen die Proteine, die beim Transport, bei der Bewegung, bei der Erregungsleitung und bei vielen anderen Vorgängen Funktionen wahrnehmen. Wie zu erwarten ist, zeichnen diese Membranproteine sich dadurch aus, daß ihre Oberfläche zu den Fetten eine stärkere Affinität als zum Wasser besitzt. Daraus erklärt sich, warum sie sich der Phospholipoid-Schicht der Membran einlagern, doch vermag es nicht zu erklären, warum sie sich in einer bestimmten, ganz präzisen Weise ordnen. Zum Beispiel muß ein Transportprotein eine bestimmte Substanz außerhalb der Zelle aufnehmen, kehrt machen, um sie innerhalb der Zelle abzuliefern, und dann wieder in seine ursprüngliche Position zurückkehren. Entsprechend muß ein Protein, das für die Ausscheidung verantwortlich ist, eine Substanz innerhalb der Zelle aufnehmen und diese außerhalb abliefern. Mit anderen Worten, jeder funktionale Bestandteil einer Membran muß für die Ausführung seiner spezifischen Funktion eine präzise Orientierung besitzen. Darüber hinaus treten bestimmte Enzymgruppen, die in der Membran enthalten sind, als organisierte Produktionsketten auf. Sie müssen einander präzise zugeordnet sein, damit die Produkte einer Reaktion dem nächsten Enzym zugewiesen werden können, ohne aus der Membran zu entweichen.

An dieser Stelle wird die Frage akut, woher die entsprechende Information stammt. Entweder werden diese molekularen Gebilde, die sich in der Membran befinden, ausschließlich durch die Eigenschaften der Moleküle selbst gelenkt, oder die bereits bestehende Membranstruktur stellt einen unerläßlichen Ausgangspunkt für den Aufbau einer neuen Membran dar. Um hier entscheiden zu können, wäre es nötig, daß die Rekonstruktion einer Zelle aus ihren molekularen Bestandteilen im Reagenzglas gelingt und damit der Beweis erbracht wird, daß die in der molekularen Struktur enthaltene Information tatsächlich völlig ausreicht; oder es müßte gezeigt werden, daß eine nichtgenetische Veränderung in der räumlichen Anordnung bestimmter Zellstrukturen erblich werden kann. Wenn man also eine Zelle dazu bringen könnte, in ihrer Membran ein Fleckchen von anomaler Beschaffenheit zu produzieren, und wenn die Zelle und ihre Nachkommen dann nach Wiederherstellung normaler Bedingungen weiterhin Membranstückchen von anomaler Beschaffenheit hervorbringen würden, dann müßte die veränderte Struktur als Element einer Aufbauinformation betrachtet werden, die ohne Veränderung der in den Genen lokalisierten Information der Zelle hinzugefügt worden ist.

Einige bedeutsame Beobachtungen weisen in die letztere Richtung. Bestimmte Protozoen (einzellige Tiere) zeigen Oberflächenstrukturen, die sehr viel komplizierter sind als die von anderen Zellmembranen und in denen verschiedene Strukturelemente in bewundernswerter Weise geordnet sind. Durch kunstvolle Manipulationen kann man gewisse Gruppen dieser Strukturelemente zu einer Rotation und zur Annahme einer veränderten Orientierung bringen. Die verdrehten Elemente bewirken bei der nächsten Zellteilung, daß in ihrer Nähe neue Elemente mit der gleichen anomalen Orientierung gebildet werden, und das kann sich über Generationen hinweg fortsetzen. Die Gene sagen der Zelle, welche Substanzen sie herstellen soll, aber das an der Zelloberfläche bestehende Organisationsmuster sagt diesen Substanzen, wie sie sich an den jeweiligen Stellen organisieren sollen; es fungiert als eine

Informationsquelle, die für die Verbreitung des vorgegebenen Musters sorgt.

Nur durch Experimente, deren Anlage und Durchführung gegenwärtig noch sehr schwierig sind, ließe sich in Erfahrung bringen, ob die beschriebene informationale Selbständigkeit der zellulären Organisation eine Ausnahme darstellt oder ob sie bei zahlreichen Zellen gegeben ist. Es ist nicht ausgeschlossen, daß solche durch zusätzliche Information ausgelösten Mechanismen, wie sie bei den tierischen Einzellern beobachtet wurden, bei einigen anderen Zelltypen zu einer verbesserten Anordnung bestimmter komplexer Strukturen beitragen. Doch kann man mit Gewißheit sagen, daß die zelluläre Organisation überwiegend auf spontanen Wechselwirkungen zwischen den einzelnen Molekülarten beruht, die von den ververschiedenen Genen hervorgebracht werden. Bei einem Überblick über die verschiedenen Aufbauvorgänge, die sich innerhalb der Zellen abspielen – die Herstellung von Enzym-Molekülen, von Enzym-Komplexen, von Röhren, Fasern, Hüllen und Membranen –, läßt sich kein anderer formbildender Lenkungsmechanismus erkennen als eben die Einwirkung chemischer Verbindungen auf die Moleküle selbst. Die bildhauerische Arbeit der Zelle ist wie das Wachstum des Kristalls ein vollständig automatischer Vorgang. Im Unterschied zum kristallinen Wachstum führt jedoch der zelluläre Aufbauvorgang zu einem bewundernswert vielfältigen Ergebnis, in dem sich die unübersehbare Verschiedenartigkeit der an diesem Vorgang beteiligten Moleküle äußert. Die Aufbauprodukte – auch die geometrischen Virushüllen – sind nicht mit Kristallen, sondern nur mit Kunstwerken vergleichbar. Die natürliche Auslese ist jener Künstler, der die molekularen Formen dadurch vervollkommnet, daß er solche Formen begünstigt, die in ihrer Leistung auch nur eine Nuance besser sind als andere. Die Kristalle der unorganischen Welt entstehen aus der Einwirkung unerschütterlicher physikalischer Anziehungskräfte auf eine begrenzte Anzahl von Atomen und Molekülen. Die gleichen physikalischen Kräfte lassen die kunstvollen Erscheinungsformen der lebenden Organismen aus den zahllosen Arten von Molekülen entstehen, die von den Genen zur Verfügung gestellt werden.

8 Komplexität

Aus Proteinen, Lipoiden und anderen Makromolekülen hat die Evolution Zellen geformt. Die Eroberung neuer Lebensräume und die wirksame Ausnutzung neuer Umweltbedingungen führte an einem bestimmten Punkt zum Auftreten von Organismen, die aus vielen, miteinander kooperierenden Zellen gebildet wurden. Zunächst sind vermutlich zwei oder mehr miteinander identische Zellen ganz einfach zusammengeblieben, um auf diese Weise einige lebenswichtige Funktionen mit der größtmöglichen Effizienz durchzuführen. Dann begannen sich einige Zellen dieser primitiven Organismen zu differenzieren. Sie übernahmen spezialisierte chemische oder strukturelle Aufgaben, und damit wurden sie in einigen ihrer Bedürfnisse von den anderen Zellen abhängig. Dieser Differenzierungsprozeß führte schließlich zu der wunderbaren Vielfalt der komplexen Organismen, von dem bescheidenen Seetang zu den gigantischen Bäumen des Waldes, von dem einfachsten Schwamm zu den Wirbeltieren und letzten Endes – vor etwa einer Million Jahren – zum Menschen.

Der Übergang vom einzelligen zum vielzelligen Organismus war nicht der einzige Weg, auf dem eine höhere Komplexität erreicht wurde. Unter den einzelligen Protozoen gibt es ein Ausmaß an struktureller und organisatorischer Komplexität, das von keiner Zelle der höheren Pflanzen und Tiere erreicht wird. Doch setzt die einzellige Organisation dem Größenwachstum und den biologischen Chancen dieser Organismen unüberschreitbare Grenzen.

Wie es aber auch immer zu der großen Vielfalt an Organismen gekommen sein mag, die auf der Erde existiert haben – die vielzelligen Organismen wie etwa der Mensch entwickelten sich schließlich aus Kombinationen von Zellen und Zellprodukten. Die Myriaden von Zellen – etwa 10 000 Milliarden –, die aus einem einzigen befruchteten Ei entspringen – was veranlaßt sie, gerade den Körper eines Menschen zu bilden, der über ein Gehirn, eine Leber, ein Herz und vier Glieder verfügt, die zum Gehen, zum Laufen, zum Schlagen und zur Werkzeugherstellung geeignet sind?

Jedes Organ des Körpers hat seine bestimmte Gestalt und seinen bestimmten Umfang, die von der Aktivität zahlreicher Gene festgelegt sind und von einem Individuum zum anderen nur geringfügig variieren. Eine allzu große Abweichung von der Norm, die entweder auf Genmutationen, auf Krankheit oder auf einer Entwicklungsstörung beruhen mag, beeinträchtigt die Funktionstüchtigkeit des Organs, so daß das Individuum unter Umständen an einem Herzdefekt stirbt oder wegen einer unterentwickelten Extremität zu einem Krüppel wird. Gestalt und Größe der Organe des erwachsenen Individuums hat die natürliche Auslese bei allen Arten vervollkommnet. Eine Entsprechung zwischen den körperlichen Strukturen verwandter Organismen läßt sich selbst dann erkennen, wenn diese Strukturen unterschiedliche Formen und Funktionen angenommen haben. So ist beispielsweise die vordere Extremität beim Menschen und bei den Affen ein Arm, bei den meisten übrigen Säugern ein Bein, bei den

Vögeln ein Flügel und bei den Fischen eine Flosse. Das Stützgerüst all dieser verschiedenen Strukturen besteht aus einem gleichartigen System von Knochen, das bei den einzelnen Arten im Laufe einer Evolution, die sich über eine halbe Milliarde von Jahren erstreckte, in erstaunlicher Weise abgewandelt wurde.

Es kann sich offensichtlich nicht um einen bloßen Wachstums- und Vermehrungsprozeß handeln, aus dem sich viele miteinander identische Zellen ergeben würden, wenn aus einer einzigen Urzelle, dem befruchteten Ei, ein Organismus wie der des Menschen entsteht. Ein solcher einfacher Vermehrungsprozeß vollzieht sich nur ganz am Anfang der Entwicklung, wenn das Ei, das kurz zuvor bei seinem Abstieg aus dem Eierstock in den Uterus befruchtet wurde, sich auf die Einnistung in der Uteruswand vorbereitet. Zu diesem Zeitpunkt zeigt der aus wenigen hundert Zellen bestehende Embryo bereits Unterschiede zwischen seinen einzelnen Teilen; die Differenzierung hat also schon eingesetzt.

Man weiß nicht, durch was die Differenzierung ausgelöst wird, doch eines ist sicher: sie beruht nicht auf einer Veränderung des Inhalts der Erbsubstanz. Zellen aus der Leber, aus dem Gehirn oder aus einem Muskel enthalten in ihren Kernen alle die gleichen Gene. Die Wahrheit dieser Behauptung wurde durch Experimente bewiesen: in ein Froschei, dessen Kern man künstlich entfernt hatte, wurde der Kern einer Haut- bzw. einer Leberzelle eingepflanzt, und es entwickelte sich daraus ein normales Individuum. Diese Experimente bestätigten auch, was man bereits vermutet hatte: bei der Differenzierung der Zellen gehen nicht nur keine Gene verloren, sie ist auch, zumindest in einem gewissen Umfang, umkehrbar. Eine lebende Zelle, die man aus ihrer natürlichen Umgebung im Körper entfernt und in eine Nährflüssigkeit bringt, in der sie wachsen und sich vermehren kann, verliert in vielen Fällen die besonderen Merkmale des Organs, dem sie entstammt, und gleicht sich mehr oder weniger den undifferenzierten Zellen eines jungen Embryos an. Die Unterschiede zwischen den Zellen verschiedener Organe können deshalb nicht auf dem Gehalt des genetischen Materials beruhen, sondern müssen auf die Tätigkeit dieses Materials zurückgeführt werden. In Leberzellen, in Haut- und Nervenzellen sind jeweils andere Gengruppen aktiv. Bestimmte Gene, die etwa die für die Grundfunktionen der Atmung und der Nahrungsaufnahme benötigten Substanzen herstellen, müssen in allen Zellen während ihrer gesamten Lebenszeit tätig sein. Die Spezialisierung der Zellen setzt jedoch voraus, daß jeweils bestimmte Gene aktiviert und bestimmte andere Gene in ihrer Aktivität gehemmt werden.

Die für das Problem der individuellen Entwicklung entscheidende Frage ist, welcher Natur die Mechanismen sind, die dafür sorgen, daß bestimmte Gene angeschaltet und andere abgeschaltet werden, wenn aus den Zellen des jungen Embryos nach und nach eine ungeheure Vielfalt der Zelltypen entsteht – und das in einem Zeitraum, der sich beim Menschen über viele Jahre, bei der Maus über wenige Wochen, bei gewissen Insekten über wenige Tage und bei bestimmten Wurmarten über wenige Stunden erstreckt. Gegenwärtig können wir diese Frage nicht beantworten. Die Biologen vermuten, daß in den pflanzlichen und tierischen Zellen ähnliche, wenn nicht die gleichen Mechanismen wirksam sind, die bei den Bakterien in Reaktion auf Nahrungsveränderungen bestimmte Gene ein- und ausschalten, doch gibt es bisher keinen eindeutigen Beweis dafür. Bei den Bakterien wird die Aktivität der Gene durch zwei verschiedenartige Mechanismen geregelt: einerseits durch Repressoren und Aktivatoren, welche bestimmte Stellen auf den DNA-Molekülen besetzen bzw. freigeben und so ein Tätigwerden der entsprechenden Gene blockieren bzw. auslösen; und andererseits durch Veränderungen des für die Herstellung der RNA-Botschaften verantwortlichen Enzyms RNA-Polymerase, die verhindern, daß bestimmte Klassen von Genen sich an dem Vorgang beteiligen. Im Vergleich zu den Bakterien enthalten die Zellen von Menschen und anderen Tieren jedoch tausendmal mehr DNA, und diese DNA liegt darüber hinaus nicht so frei wie bei den Bakterien; sie ist in einem Kern zusammengefaßt und auf zahlreiche Chromosomen verteilt, in denen sie von den verschiedenartigsten Proteinen umgeben ist. Es wäre schon sehr erstaunlich, wenn es möglich gewesen wäre, derart komplexe Zellen aufzubauen ohne Signal- und Rückmeldesysteme im genetischen Material, deren Komplexität die von Bakterien weit übertrifft.

Noch geheimnisvoller sind die chemischen und molekularen Mechanismen, denen die einzelnen Organe des Körpers ihre Gestalt, ihre Beschaffenheit und ihren Zusammenhang verdanken. Wenn jedoch die Molekularbiologie die Erscheinungen des Lebens mit der Struktur und den chemischen Reaktionsweisen bestimmter Moleküle erklären will, dann muß sie auch das überaus erstaunliche gestalterische Werk der Formung eines Menschen in diesem Sinne erklären können. Der Mensch und alle übrigen Organismen sind ausschließlich aus Zellen aufgebaut, unterstützt durch gewisse Substanzen, die von den Zellen ausgeschieden werden. Wie entsteht aus diesen Bauelementen eine ganz bestimmte Form?

Ein guter Ausgangspunkt für die Erörterung dieser Frage sind die Knochen; sie stellen das Material dar, dem die Säuger, die Vögel, die Amphibien und die meisten anderen Wirbeltiere ihre körperliche Gesamterscheinung verdanken (bei

Insekten und Krebsen wie Garnele und Hummer liegt das Skelett außerhalb der Haut und besteht nicht aus Knochensubstanz, sondern aus einem harten Zucker). Die Knochen bestehen im wesentlichen aus Kollagen, einem faserigen Protein, und erhalten ihre Festigkeit durch die Einlagerung von Kalksalzen. Innerhalb des Knochens sind in zahllose, mikroskopisch kleine Hohlräume zwei Arten von Zellen eingebettet; die eine Art scheidet neue Knochensubstanz aus, die andere resorbiert sie. Beide Zellarten sind ständig aktiv, und zwar nicht nur während die Knochen wachsen, sondern auch bei Erwachsenen. Wie Federn und Hebel an den Verbindungsstücken einer Maschine sind die Muskeln durch Sehnen mit den Knochen verbunden. Die Veränderungen, die beim körperlichen Training durch Druck- und Zugbelastungen der Muskeln entstehen, sind leicht zu erkennen: Nicht nur die Muskeln nehmen an Umfang zu, auch die Form des Knochens verändert sich, um die entsprechende mechanische Stützwirkung geben zu können. Wenn infolge eines Bruches die Lage eines Gliedes sich verändert, paßt sich auch die Knochenstruktur der veränderten Belastung an.

Vor vier Jahren stolperte ich im dunklen Flur über meinen Hund und brach mir die Kniescheibe. Der Chirurg beschloß, das etwa einen Zentimeter tief gebrochene Ende der Kniescheibe zu entfernen und die Sehne des Beinmuskels an dem, was von der Kniescheibe geblieben war, zu befestigen. Das Knie heilte sehr gut, und drei Jahre später zeigte eine Röntgenaufnahme, daß die Kniescheibe beinahe ihre ursprüngliche Form wiedergewonnen hatte. Der Knochen hatte sich unter dem Einfluß des Muskelzugs wieder zu seiner normalen Form entwickelt und war wieder so gut wie neu.

Normalerweise ist die Formung der Organe natürlich nicht nur und auch nicht in erster Linie eine Reaktion auf äußere

Reize. Die körperliche Gestalt des Erwachsenen ist schließlich schon beim Neugeborenen erkennbar. Die Form der Knochen, von der die Gesamtform des Körpers abhängt, entsteht durch das Zusammenwirken eines angeborenen, von den Genen bestimmten Strukturmusters und einer Reihe äußerer mechanischer Stimuli. Der Gesamtplan ist durch die genetische Konstitution festgelegt; die äußeren Faktoren spielen bei der Vollendung des Werkes der Natur eine begrenzte, aber wesentliche Rolle. Aber schließlich ist ja die erbliche Konstitution – ihrerseits ein Resultat der natürlichen Auslese – dafür verantwortlich, daß die Knochenzellen in so hervorragender Weise auf die Belastungen durch mechanische Stimuli zu reagieren vermögen.

Nicht immer ist die Formgebung so plastisch wandelbar wie bei den Knochen. Zu den bemerkenswertesten Formen, die aus der natürlichen Auslese hervorgegangen sind, gehören die Federn; sie sind nichts anderes als Verbände von Hautzellen, die eine neue, spezialisierte Aufgabe übernommen haben: Sie produzieren große Mengen von Keratin, einem unlöslichen Protein, und zwar in der Gestalt von Hohlröhren, aus denen sich das herrliche, für die verschiedenen Vogelarten charakteristische Gefieder entwickelt. (Die Behaarung der Säugetiere wird von der gleichen Art von Zellen hervorgebracht, ist aber weniger kompliziert.) Die Form der Federn entwickelt sich ohne direkte Mitwirkung der Umwelt. Die Federn entwickeln sich zunächst nach einem artspezifischen Muster, und selbst wenn ihre Funktion sich wandelt, ändert sich ihre Größe und Gestalt nicht mehr. Die Zellen des Gefieders sterben nämlich ab, nachdem sie das Keratin hervorgebracht haben. Anders als in den Knochen, die während der gesamten Lebensdauer eines Organismus durch lebende Zellen umgestaltet werden, gibt es in den Federn solche lebenden Zellen nicht.

So viel zu der starren Struktur des Gefieders und der Knochen. Wenden wir uns nun der Form der Organe zu, die im Inneren des Körpers liegen. Die Leber hat die Form einer Baskenmütze, die Nieren haben die Form von Bohnen, und die Milz sieht aus wie ein Pantoffel. Diese Organe, die sich innerhalb der Körperhöhle entwickeln, bestehen überwiegend aus Zellanhäufungen. Sie haben keine mechanischen, sondern nur biochemische Funktionen. Es ist nicht bekannt, daß ihre Form und ihre Oberfläche für diese Funktionen irgendeine Bedeutung hätten. Ein Physiker würde wohl zunächst annehmen, daß diese Organe kugelförmig sind, daß sie also die Festkörperform mit der geringsten Energie haben; das ist jedoch nicht der Fall. Offenbar enthalten die von den Genen diktierten Strukturmuster der embryonalen Entwicklung Vorschriften nicht nur über die Größe, sondern auch über die Gestalt jedes einzelnen Organs. Entnimmt man der Leber einer ausgewachsenen Ratte ein größeres Stück, so beginnen die Leberzellen, die zuvor bei Erreichung der ausgewachsenen Größe der Leber die Teilung eingestellt hatten, sich erneut zu teilen, und nach etwa einer Woche ist die Leber so groß wie zuvor, aber sie gewinnt nicht wieder die gleiche Form.

Die Biologen geben zu, daß sie nichts darüber wissen, in welcher Weise die Gene den Gestaltungsvorgang beeinflussen. Eins scheint jedoch sicher zu sein: irgendeinen geheimnisvollen Befehl, der aus der Zelle selbst stammt und ihr sagt, wann sie mit der Teilung anfangen oder aufhören soll, gibt es nicht. Die Signale für die Formbildung bestehen ausnahmslos in Wechselwirkungen zwischen den Zellen. Die Gene statten die Zellen mit der Fähigkeit aus, solche Signale, solche chemischen Botschaften auszusenden und in spezifischer Weise darauf zu antworten. Wenn Zellen sich an verschiedenen Orten in unterschiedlichem Maße häufen und dadurch jedem einzelnen

Organ seine eigentümliche Größe und Gestalt verleihen, aber auch, wenn sie mit bestimmten chemischen Abläufen reagieren, müssen derartige Signale dafür verantwortlich sein. Wenn Muskelzellen hauptsächlich die kontraktilen Muskelproteine herstellen, wenn Federzellen Keratin und Leberzellen ihre spezialisierten Produkte bilden, dann muß das von solchen Signalen veranlaßt worden sein.

Welcher Art sind diese Signale, auf die die Zellen des Körpers reagieren und die das hauptsächliche Kommunikationsmittel zwischen den Zellen darstellen? Eine besonders interessante, immer noch geheimnisvolle, aber praktisch sehr bedeutsame Art von Signalen beruht auf dem Kontakt zwischen den Zelloberflächen. Lebende Zellen, die beispielsweise der Haut oder einer Niere entnommen sind und auf einer flachen Glasplatte in eine Nährlösung gesetzt werden, vermehren sich solange, bis eine geschlossene Schicht von einzelnen Zellen entstanden ist; dann hört ihr Wachstum auf. Der Stopp erfolgt, wenn die Zellen in einem hinreichend großen Bereich ihrer Oberfläche miteinander in Kontakt gekommen sind. Würden sie jetzt weiterwachsen und sich übereinanderschichten, dann würde die Kontaktfläche größer, und die Wachstumshemmung würde proportional zunehmen. Da diese Kontakthemmung die Vermehrung der Zellen kontrolliert, muß sie bei der Gestaltung der Organform eine wichtige Rolle spielen. Krebszellen haben das normale Muster eines geordneten Wachstums eingebüßt und produzieren Zellanhäufungen, die keine abgegrenzte Organform mehr besitzen; statt mit dem Wachstum aufzuhören, wenn sie miteinander in Kontakt geraten, vermehren sie sich weiter und häufen sich in breiten Schichten übereinander. Sie haben die Fähigkeit verloren, auf das Kontrollsystem zu reagieren, das durch den Kontakt zwischen den Zellen ausgelöst wird.

Wie diese Kontakthemmung funktioniert; warum sie nicht bei Krebszellen funktioniert; welche Chemikalien auf der Zelloberfläche die Signale übermitteln und empfangen – erst jetzt beginnt man, Antworten auf diese Fragen zu finden. Offenbar hängen die Signale mit der Konzentration bestimmter Chemikalien innerhalb der Zellen zusammen. Eine bestimmte Konzentration hemmt auf indirekte Weise den Beginn des DNA-Replikationszyklus. Die dauerhaften Zellen des erwachsenen Körpers (Zellen der Leber, der Muskeln und des Gehirns) stellen keine DNA her und teilen sich nicht. Unter Bedingungen, die bei normalen Zellen das Ende der DNA-Produktion und der Zellteilung bedeuten würden, fahren Krebszellen damit fort. Die DNA-Synthese ist eine notwendige Voraussetzung der Zellteilung: Wenn man die DNA-Synthese auslöst, folgt darauf automatisch die Zellteilung.

Im lebenden Organismus führt der Kontakt zwischen den Zellen zu einer so hochgradigen Kommunikation, wie sie nach dieser Darstellung nicht zu vermuten ist. Mit Hilfe des Elektronenmikroskops hat man beobachtet, daß zwei einander berührende Zellen ihre Membranen oft so eng miteinander verbinden, daß bestimmte Substanzen von der einen in die andere Zelle übergehen können, ohne daß sie die umgebende Flüssigkeit passieren müßten. Eine Koordination mittels chemischer Signale muß in der Kommunikation zwischen einer Vielzahl solcher, beinahe miteinander verschmolzener Zellen besonders leicht sein.

Kontaktsignale stellen jedoch nicht das einzige Kommunikationsmittel dar. Beim menschlichen Organismus müssen auch Signale zwischen den Zellen voneinander entfernt liegender Organe ausgetauscht werden. Zu den bekanntesten Signalen gehören die Hormone, wenn ihre Wirkungsweise auch noch immer Geheimnisse birgt. So schüttet z. B. die an der Vorderseite des Halses gelegene Schilddrüse ein Hormon in das Blut aus, das als einziges Produkt des menschlichen Körpers Jod enthält, und Jod reguliert die chemische Aktivität in vielen Zellen des Körpers. Die menschliche Nahrung muß aus diesem Grunde Jod enthalten, deshalb wird es auch dem handelsüblichen Salz zugesetzt. Produziert die Schilddrüse zu wenig Hormon, so fühlt man sich träge und neigt zur Fettleibigkeit; man kann sogar in der körperlichen und geistigen Entwicklung zurückbleiben. Eine zu hohe Hormonproduktion hat dagegen Magerkeit, Übererregbarkeit und Schlaflosigkeit zur Folge. Ein anderes Hormon, das von einer in der Nähe der Schilddrüse gelegenen Drüse produziert wird, reguliert je nach dem Kalkbedarf des Körpers den Abbau der Knochen. Weitere Hormone werden von den Nebennieren, der Speicheldrüse, den Geschlechtsorganen und der Bauchspeicheldrüse produziert.

Über die Wirkung einiger Hormone, die als Medikamente eingesetzt werden können, weiß man hinreichend Bescheid, doch ist immer noch wenig darüber bekannt, wie ein Hormon überhaupt regulierend auf die Funktion der Körperzellen einwirkt. Man weiß, daß das von der Bauchspeicheldrüse produzierte Insulin den Abbau des Zuckers im Körper reguliert, und die Ärzte können Diabetes mit Hilfe von Insulin behandeln, doch über seine Wirkungsweise weiß man wenig. Sicher beeinflussen manche Hormone die Tätigkeit bestimmter Gene bzw. Gengruppen in den Zellen, auf die sie einwirken. Die molekularbiologische Erforschung dieser Wirkungsweise steckt jedoch noch in den Kinderschuhen, und es wird noch einige Zeit dauern, bis die Biologen verstanden haben, was das Hormon der Zelle mitteilt. Vielleicht gibt es auch noch Hormone, die bisher unentdeckt geblieben sind; vielleicht gibt es noch mehr Zellarten im Körper, von denen hormonale Signale ausgehen, als man bisher erkannt hat.

Neben dem Zellkontakt und den Hormonen vermittelt das Nervensystem eine dritte Art von Kommunikationssignalen. Wie Telegrafenleitungen durchziehen Nervenfasern den Körper. Im Unterschied zum Telegrafen bildet das Nachrichtensystem der Nerven aber kein Netz, das die verschiedenen Organe des Körpers miteinander verbindet; Ausgangs- und Endpunkt seiner Nachrichten ist eine Zentrale: das Gehirn und das Rückenmark. Das Nervensystem ist mehr als ein Fernmeldesystem – es ist ein Koordinationsapparat. Es leitet die empfangenen Nachrichten nicht nur weiter – es analysiert, vergleicht und verändert sie auch. Schon das Auge übermittelt dem Gehirn nicht bloß ein fotografisches Abbild der von ihm empfangenen Lichtreize, sondern eine bereits teilweise analysierte Darstellung des Gesichtsfeldes, die das Gehirn noch weitergehend analysiert, bevor es reagiert. Seine Reaktionen bestehen nicht in stereotypen Reflexen, sondern in vielfältigen, subtil abgestimmten Befehlen, die unter Umständen zahlreiche Teile des Körpers betreffen. Ein örtlich begrenzter mechanischer Reiz – etwa ein Stich in die Haut des Beins – ruft wahrscheinlich eine Reflexbewegung des Beines hervor; gewöhnlich löst er aber darüber hinaus eine sehr viel kompliziertere Folge von Reaktionen aus, die zu einer Veränderung der Körperhaltung führen und zahlreiche Muskeln und Organe in verschiedenen Teilen des Körpers betreffen können. Unter Umständen ist auch die Großhirnrinde in diese Reaktionen mit einbezogen, und in diesem Falle wird einem bewußt, was geschieht.

Gemeinsam sind die Hormone und die Nerven von entscheidender Bedeutung für eine der bemerkenswertesten Erscheinungen des Lebens, nämlich die Aufrechterhaltung einer konstanten Umwelt im Inneren des Körpers. Den Zellen wird es dadurch möglich, unter einer verhältnismäßig konstanten Nahrungs- und Sauerstoffzufuhr tätig zu sein. Haupttransportmittel für diese Stoffe ist das Blut; die Bestandteile des Blutes weisen zahlreiche Besonderheiten auf, die für die Aufrechterhaltung seiner stabilen Zusammensetzung mitverantwortlich sind. Die Steuerung des Gesamtmilieus liegt jedoch bei den vom Blut transportierten Hormonen und den Nerven, die unmittelbar eine größere Zahl von Zellen beeinflussen.

Die molekularbiologische Erforschung der Nerven ist ein äußerst faszinierendes Gebiet. Das nervliche Signal besteht in einer örtlichen elektrischen Störung, die sich sehr rasch, wenn auch sehr viel langsamer als ein elektrischer Strom in einem Kupferdraht, ausbreitet. Das Signal wandert an der Membran der Nervenfasern entlang und verändert dabei die Durchlässigkeit der Membran, so daß bestimmte Salze durch die Membran eindringen oder entweichen können und die elektrische Ladung sich entsprechend ändert. Daraufhin bewirkt die Veränderung der Salzkonzentrationen, daß die gleichen chemischen Ereignisse sich auch in der benachbarten Region vollziehen, und dieser Vorgang setzt sich über die ganze Länge des Nervs fort, bis das Signal seinen Bestimmungsort erreicht – das eine oder das andere Ende der Faser. Das Ende der Nervenfaser steht in engem Kontakt mit einer oder mehreren anderen Zellen, welche die Nachrichten aufnehmen oder absenden. Oft bewirkt die Ankunft eines nervlichen Signals, daß das Nervenende eine chemische Substanz ausschüttet, die durch Erregung der benachbarten Zelle die Nachricht überträgt. Die Nervenendungen besitzen, um die Genauigkeit der Übertragung noch zu steigern, ein Enzym, das alle Reste des Überträgerstoffes zerstört, nachdem die Nachricht übermittelt worden ist.

Das neugeborene Baby besitzt ein beinahe vollständig ausgebildetes Nervensystem, und im Alter von zwei bis drei Jahren sind beim Kind schon alle Nervenzellen des Erwachsenen vorhanden und überwiegend in der richtigen Weise miteinander verknüpft. Wie aber lernen die sich entwickelnden Nerven, an welchem Bestimmungsort sie ankommen sollen, so daß schließlich die richtige Stelle des Gehirns oder des Rückenmarks mit dem richtigen Organ des Körpers verbunden ist? Wie weiß eine Nervenfaser, die sich von einer bestimmten Stelle im Rückenmark aus entwickelt, auf welche Weise sie den entsprechenden Fußmuskel erreicht? Welche Hinweise bekommt die Nervenfaser auf ihrer Suche von den Zellen, welche sie passiert? Halten diese Zellen sie vielleicht einfach durch die Ausscheidung irgendeines chemischen Signals davon ab, die Suche einzustellen?

Wie überhaupt lernt das Nervensystem? Das Lernen besteht im wesentlichen darin, daß neue bzw. wirksamere Assoziationen zwischen den Sinneseindrücken und den Denkinhalten aufgebaut werden; in irgendeiner Weise muß es darauf zurückzuführen sein, daß neue bzw. bessere Bahnen für den Austausch von Nachrichten zwischen den Zellen des Gehirns entstehen. Die Erfahrung drückt sich darin aus, daß die strukturelle oder funktionale Komplexität des Verbindungssystems zwischen den Nervenzellen wächst. Was geschieht, wenn man das Einmaleins erlernt: Werden zusätzliche Verbindungen zwischen den Nerven geschaffen, oder wird die Kommunikation innerhalb bestehender Verbindungen erleichtert? Worin besteht das Gedächtnis? Zapfen wir, wenn wir uns an etwas erinnern, was wir gelernt haben, oder wenn wir etwas wiedererkennen, was wir gesehen, gehört oder gefühlt haben, mit diesem Wiedererkennen bestimmte Nervenbahnen an, und in welcher Weise geschieht das?

Vor einiger Zeit wurde behauptet, aus Nukleinsäure beste-hende »Gedächtnismoleküle« ließen sich aus dem Gehirn von Tieren isolieren; ein Extrakt aus dem Gehirn einer Ratte, die gelernt habe, ein Labyrinth zu durchqueren, würde etwa bei einer anderen Ratte, der man diesen Extrakt injiziere, bewir-ken, daß sie die Durchquerung des Labyrinths mit einer gerin-geren Anzahl von Versuchen erlernt, als normale Ratten sie benötigten. Derartige Behauptungen haben sich als unhaltbar erwiesen, was auch keinen ernsthaften Hirnforscher über-rascht. Das Lernen besteht darin, daß unter den tausend Mil-liarden Zellen des Gehirns Assoziationen hergestellt werden, und das Gedächtnis beruht auf der Fähigkeit, diese Assozia-tionen beim Wiederauftreten der gleichen Situation, beim Denken oder auch im Traum zu reaktivieren. Es ist absurd zu glauben, alle möglichen Lernerfolge wie etwa die, ein La-byrinth zu durchqueren, eine quadratische Gleichung zu lösen, aus einem Stirnrunzeln das Mißfallen des Lehrers oder aus einem Lächeln die Zuneigung des Geliebten zu erraten, könn-ten auf einem Nukleinsäure-Molekül verzeichnet sein. Ver-nünftiger ist die Annahme, daß das Gedächtnis in der Fähig-keit besteht, sich an bestimmten Punkten wieder in ein Netz-werk von Verbindungen einzuschalten, die durch frühere Er-fahrungen im Gehirn entstanden bzw. bekräftigt worden sind, und den entsprechenden Weg der Nervenimpulse mehr oder weniger getreu zurückzuverfolgen. Welche Eigenschaften die-ses Netz aufweist, wie es unter dem Einfluß des Erbgutes und der Erfahrung entsteht und wie es der Erinnerung zugänglich ist, das alles bleiben faszinierende Probleme.

Nun ist ein Organismus natürlich kein sich selbst genügen-des Universum. Nicht nur zwischen den Körperteilen eines Individuums, auch zwischen dem Individuum und der Welt gibt es eine Kommunikation. Ständig drängt die Außenwelt in unzähligen Reizen auf das Individuum ein. Diese äußeren Reize müssen verarbeitet werden. Handelt es sich um chemische Bestandteile in der Nahrung oder um gasförmige Stoffe in der Luft, so nimmt sich die chemische Maschinerie des Verdauungsapparats bzw. der Lungen ihrer an. Handelt es sich um mechanische, chemische oder optische Reize, so werden sie von den Sinnesorganen verarbeitet, und die Resultate werden über die Nervenfasern dem Gehirn übermittelt. Zellen in Mund und Nase, die zwischen verschiedenen Klassen von Chemikalien unterscheiden, stellen die Organe des Geschmacks- und Geruchssinnes dar. Spezialisierte Zellen im Auge verwandeln Lichtsignale in chemische Signale, deren Vorhandensein und deren Anordnung dann den entsprechenden Teilen des Gehirns gemeldet wird. Mechanische Einflüsse werden auf verschiedene Weise wahrgenommen. Die Haut enthält Zellen, die mit sensorischen Nervenfasern verbunden sind und Tastempfindungen vermitteln. In den Muskeln gibt es Vorrichtungen, die auf die Dehnung der Muskelfasern reagieren. Im Ohr registriert und analysiert ein komplizierter Apparat die Schwingungen der Luft, aus denen der Schall besteht, und schickt eine entsprechende Nachricht ans Gehirn. Ein weiteres, auf mechanische Reize reagierendes Organ im Ohr verzeichnet fortwährend Lageveränderungen gegenüber der senkrechten Stellung.

Diese miteinander unvergleichbaren Einrichtungen, die man als die Sinnesorgane bezeichnet, stellen eine Herausforderung an den Molekularbiologen dar, weil sie alle darauf eingestellt sind, einen gegebenen Reiz – eine chemische Substanz, einen Lichtstrahl, eine Muskelstreckung oder einen Ton – in eine vorübergehende Veränderung der molekularen Anordnung zu übersetzen, die ihrerseits in ein Nervensignal umgewandelt werden kann. Der Wissenschaft ist immer noch unbekannt, was geschieht, wenn eine sensorische Zelle ein Signal empfängt. Am besten sind wohl die lichtempfindlichen Zellen im Auge erforscht, die ihre außerordentliche Empfindlichkeit und ihre Fähigkeit, Lichtintensität und Farbe zu unterscheiden, dem Sehpurpur verdanken, einem Derivat des Vitamins A. Wenn die Nahrung nicht genügend Vitamin A enthält, wird das Sehpigment nicht erneuert, und das Sehvermögen nimmt ab. Es bleibt aber immer noch ein Geheimnis, auf welche Weise ein chemischer oder ein mechanischer Reiz in eine Nervenerregung umgewandelt wird und durch welche Schritte der Eindruck der Außenwelt sich im lebenden Gehirn in Empfindungen und – zumindest beim Menschen – in bewußte Erkenntnis verwandelt.

Bei chirurgischen und ärztlichen Eingriffen hat man noch eine weitere Art von Beziehungen zwischen den Zellen des Körpers entdeckt. Nehmen wir an, bei der Operation eines Unfallopfers beschließt der Chirurg, eine Hautübertragung oder Hautverpflanzung vorzunehmen. Auf die entsprechende Stelle überträgt er ein Stück Haut, das von dem Patienten selber stammt, im allgemeinen vom Oberschenkel. Er nimmt die Haut nicht von einem anderen Menschen, so wie er das Blut eines Spenders für eine Bluttransfusion nehmen würde, weil er weiß, daß das Hauttransplantat von einem anderen Menschen, auch von dem Bruder, dem Vater oder der Mutter des Patienten, nicht »halten« würde. Wenige Wochen nach der Operation würde das übertragene Hautstück absterben, weil die Blutzellen des Patienten die verpflanzte Haut als »fremdes« Material erkennen, angreifen und zerstören würden. Man bezeichnet diese Abweisung des Transplantats als eine Abwehrreaktion. Stammt das Transplantat aus der Haut des Patienten, dann wird es als »eigenes« Material erkannt und akzeptiert. Die einzige Ausnahme, bei der ein Transplantat von einer anderen Person nicht zurückgewiesen wird, bilden eineiige Zwillinge, die, da sie die gleichen Gene besitzen, biochemisch gesehen eine Person darstellen.

Die Übertragung nicht nur der Haut, sondern auch der meisten übrigen Organe löst die Abwehrreaktion aus. Die von Nieren- und Herzverpflanzungen bekannten Schwierigkeiten beruhen darauf, daß die verpflanzten Organe als körperfremd erkannt werden – trotz der Versuche der Ärzte, mit allen möglichen Mitteln die Fähigkeit des Körpers zur Zurückweisung fremder Substanzen herabzusetzen. Eine Ausnahme bildet die Hornhaut, die durchsichtige vordere Außenhaut des Augapfels, die nach einer Transplantation nicht mit dem Blut oder mit zerstörerischen Zellen in Berührung kommt; deshalb kann man Hornhäute in Banken bereithalten, um sie auf verletzte Augen zu übertragen, so wie für die Bluttransfusion auch Blutbanken zur Verfügung stehen. Eine andere Ausnahme ist das Blut selbst. Bei einer Transfusion – die der Transplantation entspricht – kann man es unter der Voraussetzung übertragen, daß die beiden betreffenden Personen verträgliche Blutgruppen haben, die aber verhältnismäßig unspezifische Klassen von roten Blutkörperchen darstellen. Bei der Transfusion sind deshalb nicht so strenge Voraussetzungen zu erfüllen wie bei der Organtransplantation, weil die übertragenen Blutzellen nicht wie ein transplantiertes Organ lange leben sollen, sondern nur einige Stunden oder Tage zu funktionieren brauchen, bis der Patient wieder genügend Blut zu bilden beginnt.

Der Körper ist offenbar in der Lage, solche Proteine und andere Stoffe, mit denen er während des fötalen Daseins oder in den ersten Wochen nach der Geburt bekanntgeworden ist, als »eigen« zu erkennen, und zwar nicht nur die jeweils eigenen Proteine, sondern auch andere, die von außen – entweder aus dem Blut der Mutter oder durch eine Injektion – eingedrungen sein können. Der Körper wird diesen Substanzen gegenüber spezifisch »tolerant«, und diese Toleranz bleibt während des ganzen Lebens erhalten. Die Erklärung mag darin liegen, daß der Körper so etwas wie Wächterzellen enthält, die sogenannte *Antikörper* bilden, Substanzen, die gegen eingedrungene fremde Chemikalien (sogenannte *Antigene*) vorgehen und sie unschädlich machen. Nicht alle diese Wächterzellen gleichen einander; einzelne Zellgruppen bilden jeweils nur einen Antikörper, der spezifisch gegen eine oder einige wenige Substanzen gerichtet ist. Ist eine Substanz schon von Natur aus oder durch eine Injektion in dem ungeborenen Kind vorhanden, dann verbinden sich die entsprechenden Wächterzellen mit ihr, sterben auf irgendeine Weise ab und werden beseitigt. Zum Zeitpunkt der Geburt sind somit alle Wächterzellen gegen »eigene« Substanzen verschwunden, doch die übrigen sind noch da, und das Baby ist bereit, auf das Eindringen fremder Substanzen mit der Bildung von Antikörpern zu reagieren, die diese Substanzen angreifen. Die Fähigkeit, Antikörper zu bilden, stellt einen wirksamen Schutz gegen Bakterien und Viren dar, wird aber zu einem ernsten Problem bei der Transplantation von Organen. Die Evolution hatte diese Möglichkeit offenbar nicht vorgesehen: Die Organtransplantation gibt es erst seit zwanzig Jahren, die Antikörper haben dagegen seit mehreren hundert Millionen Jahren ihre Nützlichkeit bewiesen.

Bemerkenswert ist, daß mit Ausnahme von eineiigen Zwillingen alle Individuen einer Art sich so sehr von einander unterscheiden, daß die Zellen eines anderen als fremde Zellen erkannt werden. Offenbar ist jeder Mensch etwas Einmaliges, weil seine Genkombination einmalig ist. Geringfügig verschiedene Varianten eines Gens werden zu geringfügig ver-

schiedenen Proteinen führen, die einander in ihrer Funktionstüchtigkeit oft gleich oder annähernd gleich sind. Und doch
wird die geringfügige Variation dafür sorgen, daß die Antikörper, die seine chemische Oberfläche in ihren feinen Details
erkennen, ein Protein als etwas Fremdes betrachten. Wenige
hundert Moleküle eines fremden Proteins auf der Oberfläche
einer Zelle können bewirken, daß hinreichend Antikörper gebildet werden, um alle Zellen der fremden Art zu zerstören.

Die unendliche Vielfalt geringfügiger Abwandlungen des
Erbgutes, die durch die Variation einer verhältnismäßig kleinen Anzahl von Genen entsteht, tritt in den unendlichen Nu-
ancierungen der Individualität zutage, die durch die Transplantation von Organen sichtbar werden. Die chemischen
Substanzen, durch deren Ausscheidung ein Transplantat die
Bildung der Antikörper anregt, müssen ein Ergebnis des Zu-
sammenwirkens zahlreicher Gene sein. Das menschliche Individuum unterscheidet sich nicht nur in seinen Gedanken, Ge-
fühlen und Wünschen, sondern auch in den chemischen Strukturen seines Körpers von allen übrigen Individuen, die es jemals gegeben hat.

9　Ursprünge

Alle Formen des Lebendigen sind durch die natürliche Auslese geschaffen worden; sie sind das Ergebnis eines unauf-
hörlichen, blinden Kampfes um die Erhaltung und Fortdauer
des Lebens auf der Erde. Als Zellen und aus Zellen gebildete
Organismen entstanden waren, standen die Grundzüge der
weiteren Entwicklung fest. Funde von Fossilien im Fels-
gestein zeigen, daß alle wesentlichen heute existierenden
Pflanzen- und Tierordnungen bereits vor etwa 400 Millionen Jahren durch erkennbare Vorfahren vertreten waren.

Ist die Geschichte des Lebens immer in diesem Sinne verlaufen? Oder hat es vielleicht eine Zeit gegeben, in der die
Evolution des Lebens nicht in der Weise ihren Fortgang
nahm, daß die glücklicheren oder begünstigteren Typen unter
den Nachkommen bestehender Formen ausgelesen wurden,
sondern so, daß aus unbelebter Materie entstehende, neue
Formen hinzutraten, daß also nicht nur die bisherigen Formen des Lebens sich ausbreiteten und differenzierten, sondern
daß neues Leben entstand?

Vor etwa 15 Milliarden Jahren (über die Daten und die
Mechanismen sind die Kosmologen sich nicht ganz einig; ich
gebe hier die von den meisten bevorzugte Darstellung wieder)

nahm das Universum seinen Anfang mit einem »großen Knall«, einer Explosion, aus der Materie und Energie hervorgingen. Warum das geschah: Ob ein früher bestehendes Universum zusammenbrach oder ob Materie und Antimaterie zusammenstießen – diese Fragen sind für den Biologen irrelevant, weil es damals noch kein Leben gab. Milliarden von Jahren hindurch entwickelten sich die Materie und die Strahlungsenergie in physikalischer und chemikalischer Hinsicht. Es bildeten sich Galaxien – darunter auch die Milchstraße, zu der die Sonne und der Planet Erde gehören –, und viele von ihnen verschwanden wieder. In den sich verdichtenden Materiewolken bildeten sich Sterne, feurige Bälle, die entweder explodierten oder sich abkühlten. In den Sternen kollidierten die einfachen Atome miteinander, sie verschmolzen und bildeten schwerere Atome; außerdem sandten sie Strahlungsenergie aus – wie etwa die Sonne das Licht, das heute das Leben auf der Erde erhält. Satellitenmassen aus Materie, die bereits über den Bereich der Atomverschmelzung hinaus abgekühlt war, verdichteten sich im Schwerkraftbereich einiger Sterne und wurden zu Planeten. Auf mindestens einem Planeten eines Sterns, nämlich der Sonne, der jetzt fünf oder sechs Milliarden Jahre alt ist, entwickelten sich physikalische und chemische Bedingungen, die den Anfang des Lebens möglich machten. Ob es sich dabei um eine einmalige Situation handelte oder ob – wie manche Kosmologen und Chemophysiker behaupten – überall im Weltall, wo die entsprechenden physikalischen und chemischen Voraussetzungen bestehen, die chemische Entwicklung zu irgendeiner Form des Lebens in Gang gekommen sein muß – das sind Fragen, auf die man vielleicht nie eine Antwort finden wird.

Selbst wenn man es mit kosmischen Maßstäben mißt, währt das Leben auf der Erde bereits geraume Zeit. Bereits vor einer halben Milliarde von Jahren wimmelten die Ozeane von einer ungeheuren Vielfalt pflanzlichen und tierischen Lebens, das sich anschickte, das abtrocknende Land zu erobern. Schon lange gab es die Photosynthese, jenen Mechanismus zum Einfangen der Energie des Sonnenlichts; schon längst hatten sich Algen ausgebreitet und entfaltet. Was aber war vorher gewesen? Die Erde, im Anfang eine Masse kochender Dämpfe, hatte sich allmählich abgekühlt, bis in ihrem Mantel Gesteinsmassen entstanden waren. Nach einer weiteren Periode der Abkühlung wurde der Dampf zu Wasser, und es bildeten sich die Ozeane. Das Wasser wurde bald, wie der britische Biologe und Schriftsteller J. B. S. Haldane gesagt hat, zu einer »heißen dünnen Suppe«, einer Lösung von Tausenden von chemischen Substanzen, aus denen die Anfänge des Lebens sich bilden konnten. Kohlenstoff, Stickstoff, Sauerstoff und Wasserstoff waren unter der physikalischen Einwirkung von Wärme, elektrischen Entladungen und ultraviolettem Licht zu einer Vielzahl von chemischen Verbindungen verschmolzen. Aller Wahrscheinlichkeit nach waren darunter auch die einfachsten Komponenten der heutigen Proteine und Nukleinsäuren. Diese *präbiotische* Synthese der Bausteine des Lebens – der Aminosäuren und Nukleinsäure-Komponenten – aus Kohlendioxid, Ammoniak, Zyan und anderen einfachen Substanzen, die nach Auffassung von Astronomen tatsächlich in der Atmosphäre anderer Planeten vorkommen können, kann der Chemiker heute im Reagenzglas nachvollziehen.

Wenn – wie ich glaube – das Leben sich nur auf der Erde und nicht auf dem Mond, dem Mars, der Venus oder dem Jupiter entwickelte, dann deshalb, weil mit ihrer Größe, ihrer Entfernung von der Sonne und der Mischung der Gase in ihrer Atmosphäre nur die Erde die passenden Bedingungen aufwies. Die Erde war für das Leben geeignet, und deshalb entstand das Leben. Doch wie? Richtige Zellen konnten in der heißen dünnen Suppe nicht unmittelbar entstanden sein, denn die Zelle in ihrer heute existierenden Form ist ein ungeheuer kompliziertes Ding. Es ist unübersehbar, daß diese Maschine für einen höheren Posten im Geschäft des Lebens vervollkommnet wurde, nämlich dafür, der Synthese der Moleküle des Lebens ein optimales Milieu zu bieten, so wie der Körper des Menschen den Zellen seiner Organe ein optimales Milieu verschafft. Doch als die Zellen entstanden, hatte die Evolution bereits eine lange Geschichte hinter sich. Die Katalyse führte in der wäßrigen Lösung präbiotischer organischer Substanzen zur Synthese der verschiedensten komplizierten Moleküle, darunter auch von Proteinen und Nukleinsäuren. Welcher Art die ersten Katalysatoren waren, die zur Entstehung von Proteinen beitrugen, ist nicht bekannt. Es ist aber fast sicher, daß verschiedene Arten von Ton dabei eine wichtige Rolle spielten; in Gegenwart bestimmter Arten von Ton können im Reagenzglas Aminosäure-Ketten aufgebaut werden. Im Lichte der Wissenschaft enthält also die biblische Darstellung, daß der Mensch aus Lehm (bzw. Ton) geschaffen wurde, ein Stückchen Wahrheit. Die Tone sind bemerkenswerte Substanzen; sie bestehen aus mikroskopisch dünnen Plättchen, die auf beiden Seiten wasseranziehende chemische Gruppen tragen. Diese chemischen Gruppen sind wahrscheinlich die katalytischen Agentien – die Prä-Enzyme – der fernen Vergangenheit, verhältnismäßig unspezifisch und nicht besonders wirkungsvoll, und doch von unermeßlichem Wert.

Man kann nur darüber spekulieren, wie viele millionenmal Moleküle entstanden sind, aus denen sich das Leben hätte entwickeln können, und wie viele dieser Moleküle erfolgreich waren. Damit die Evolution des Lebendigen sich vollziehen konnte, mußte zunächst eine Form entstehen, die in der Lage war, ihre eigene Verdoppelung zu befehlen. Heute ist in der Welt des Lebendigen diese Möglichkeit allein den Nukleinsäuren vorbehalten. Den erfolgreichen Anfang in der Frühgeschichte des Lebens machten nach Auffassung der meisten Genetiker Nukleinsäure-Moleküle, die an dem Aufbau gleichartiger Moleküle in einem Prozeß der Autokatalyse mitwirken konnten. Die frühen Aminosäure-Polymere, die möglicherweise mit Hilfe von Ton als Katalysator entstanden sind, sind dann wahrscheinlich durch echte Proteine ersetzt worden – also durch »sinnvolle« Aminosäureketten, die durch die Übersetzung einer Nukleinsäure-Matrize entstanden. Der wahrhaft schöpferische Fortschritt, zu dem es in der Tat nur einmal gekommen sein mag, trat jedoch ein, als ein Nukleinsäure-Molekül »lernte«, den Aufbau eines Proteins zu steuern, das dann wiederum beim Kopieren der Nukleinsäure mithalf – mit anderen Worten, als eine Nukleinsäure zur Matrize für den Aufbau eines Enzyms wurde, das anschließend bei der Produktion weiterer Nukleinsäure mitwirken konnte. Mit dieser Entwicklung war der erste wirksame biologische Rückkoppelungsmechanismus entstanden. Das Leben hatte seinen Weg angetreten.

Am Anfang dieses Buches habe ich gesagt, die Geschichte der Evolution sei die Geschichte der wenigen Abstammungslinien, deren Existenz gelungen ist, gegenüber den vielen anderen, die es möglicherweise hätte geben können, die aber zum größten Teil nicht entstanden sind. Wieviel größer muß der Verlust an potentiellem Leben in den Milliarden Jahren der präzellulären Evolution gewesen sein! Viele milliardenmal müssen Moleküle gebildet worden sein, die vielleicht die Stufe der Selbstverdoppelung erreicht hätten, sie aber tatsächlich nicht erreichten. Wie viele der Moleküle, denen es gelang, waren in der Lage, diesen Prozeß fortzusetzen? Ist das Leben, wie wir es aus der heutigen Vielfalt der Lebewesen und aus fossilen Funden kennen, einer einzigen Abstammungslinie entsprossen, einem einzigen unter den Molekülen, die sich selbst zu reproduzieren lernten? Vielleicht hat ein Ur-Gen sich mit seinen eigenen Kopien vereinigt und sich auf diese Weise entwickelt; die Kopien sind dann, da der Reproduktionsvorgang im Anfang wahrscheinlich alles andere als exakt war, anders als ihr Ur-Elter ausgefallen, und auf diese Weise sind neue Gene und Gengruppen entstanden. Es sind auch andere Alternativen denkbar: Vielleicht wurde eine Nukleinsäure, die ein Protein erzeugen konnte, das bei ihrer Kopierung mithalf, selbst zum Replikationsmechanismus für andere, unabhängig entstandene Nukleinsäuren; diese verschiedenen Nukleinsäuren haben sich dann zu einem Komplex zusammengeschlossen, dessen Reproduktion dadurch erleichtert wurde.

Ob der Stammbaum des irdischen Lebens sich nur ein einziges Mal aus dem präbiotischen Chaos erhoben hat oder ob zahlreiche Ereignisse bei der Erzeugung von Komplexität zusammenwirkten, wird man wahrscheinlich nie wissen. Auf jeden Fall muß die präzelluläre Evolution äußerst langsam verlaufen sein, denn die chemischen Syntheseverfahren waren zweifellos überaus unergiebig. Mit der Erfindung der Zelle muß eine großartige Beschleunigung der Evolution eingesetzt haben, denn sie bot den Wirkungsgrad einer durchorganisierten chemischen Fabrik. Auch Zellen haben sich wahrscheinlich viele Male und an zahlreichen Orten entwickelt. Gleichwohl gibt es keinen Grund, daran zu zweifeln, daß alle heute bekannten Organismen von einem einzigen erfolgreichen Zellgeschlecht abstammen. Vielleicht ist es zu gewissen Fusionen gekommen; man glaubt, daß die Mitochondrien und Chloroplasten die Nachfahren von Bakterien sind, welche mit anderen Zellarten Vereinigungen gebildet haben, die in der Lage waren, den Sauerstoff der Luft bzw. das Sonnenlicht auszunutzen. Das kann aber erst einige hundert Millionen Jahre nach der Entstehung von Zellen gewesen sein, als bereits eine Vielzahl von Zelltypen existierte. Evolutionstheoretiker haben einmal geglaubt, die Bakterien entsprächen frühen, primitiven Lebensformen. Mit seinen Tausenden von Genen und Enzymen und mit seiner äußerst subtilen Anpassung an die Umwelt ist ein Bakterium jedoch alles andere als primitiv.

Ein Beispiel der frühesten Formen des Lebens wird uns nie zur Verfügung stehen – außer vielleicht in einem biochemischen Experiment oder auf einem anderen Planeten. Hatte sich aber eine erfolgreiche Abstammungslinie erst einmal entwickelt, dann muß sie sich so rasch (d. h. in ein oder zwei Milliarden Jahren) ausgebreitet haben, daß sie den gesamten Lebensraum ausfüllte, in dem eine andere Linie sich vielleicht hätte entwickeln können. Wenn das Leben sich heute noch einmal auf molekularer Stufe entwickeln müßte, hätte es keine Entfaltungsmöglichkeiten mehr.

Neues Leben hätte tatsächlich keine Startchance. Die Bedingungen, die den Anfang einmal ermöglicht haben, bestehen heute nicht mehr. Bei seiner Ausbreitung hat das Leben den Vorrat an präbiotischen organischen Substanzen verbraucht. Danach konnten nur solche Lebensformen überleben und gedeihen, die in der Lage waren, die benötigten Stoffe selbst aus anorganischen Substanzen wie Kohlendioxid und Ammoniak oder gasförmigem Stickstoff zu synthetisieren, und die damit nicht mehr auf die Ur-Suppe angewiesen waren. Heute besteht die Welt aber nicht mehr aus einer Ur-Suppe, und das bedeutet: selbst wenn heute durch ähnliche Prozesse wie in der Frühzeit der Erde neue organische Materie entstehen könnte, so sind doch schon Myriaden von Organismen da, die diese Materie verzehren und in ihre eigene Substanz verwandeln würden.

Das Leben wurde also nicht nur durch seine Umwelt geformt, es formte auch selbst jene Umwelt und sicherte sich damit seinen unbestrittenen Triumph. Mit diesem Triumph gewann es aber nur das Recht, die Evolution fortzusetzen; stets bedeutete das Leben, mit knapper Not zu überleben. Immer wieder traten bedrohliche Bedingungen auf. Entscheidend für das Überleben waren neue Erfindungen – durch Mutationen und Rekombinationen im Erbgut. Betrachten wir die Entwicklungsgeschichte jener Einrichtungen, mit deren Hilfe die Organismen die Energie zum Leben gewinnen. Jede dieser Einrichtungen – die Gärung, die Photosynthese und die Atmung – bedeutete eine Verbesserung gegenüber der vorherigen. Keine dieser Einrichtungen hätte jedoch entwickelt werden können, wenn nicht die Unzulänglichkeit der jeweils vorhergehenden die Organismen an den Rand des Untergangs gebracht hätte. Die Evolution arbeitet mit Drohungen, nicht mit Versprechungen. Und doch bewirkt sie schließlich, daß immer verheißungsvollere Lebensmöglichkeiten sich eröffnen.

So war etwa die Photosynthese ein entscheidender Sprung in der chemischen Evolution; sie befähigte die Zellen, in ihrem Inneren etwas wiederzuerzeugen, was der Ur-Suppe aus organischen Substanzen ähnlich war, und dafür die gleiche Kraft zu nutzen, die hauptsächlich jene Ur-Suppe erzeugt hatte: die Energie des Sonnenlichts. Damit war das Leben von seiner früheren Umwelt unabhängig geworden, nur noch an die Sonne gebunden und fähig, die Erde zu erobern.

Der Sauerstoff, den die Pflanzen bei der Nutzung des Sonnenlichts freisetzten, veränderte die Atmosphäre der Erde.

Vor dem Einsetzen der Photosynthese hatte die Luft fast ausschließlich aus Stickstoff und Kohlendioxid bestanden. Heute hat der Sauerstoff einen Anteil von 20 Prozent und schirmt die Erdoberfläche gegen die tödliche ultraviolette Strahlung ab. Der freie Sauerstoff ermöglichte es, daß Lebewesen das Meer verließen und das Festland eroberten, doch zwang er sie nicht dazu. Bakterien und andere Mikroben nutzen direkt den im Wasser gelösten Sauerstoff. Bei Fischen und anderen im Wasser lebenden Tieren geht der Sauerstoff in den Kiemen aus dem Wasser ins Blut über. Säugetiere und Vögel und alle übrigen Landtiere entnehmen den Sauerstoff direkt der Luft und geben Kohlendioxid an sie ab. Es entsteht also ein Kreislauf: Die Grünpflanzen produzieren Sauerstoff und verbrauchen Kohlendioxid, die Tiere machen es umgekehrt. Das Gleichgewicht des Ganzen hält das Leben in Gang. Dieses Gleichgewicht ist aber stets bedroht. Werden einem See oder einem Fluß zu viele organische Stoffe zugeführt, dann vermehren sich Mikroben und Algen übermäßig und verbrauchen den Sauerstoff schneller, als dieser sich aus der Luft im Wasser lösen kann, und die Fische beginnen zu sterben. Solange das Gleichgewicht erhalten bleibt, gedeiht das Leben, doch ständig drohen ihm Ungleichgewicht und Gefahr – und sie wiederum betreiben die natürliche Auslese.

Vorangetrieben von der natürlichen Auslese, vorwärtsgestoßen von der Notwendigkeit, hat das Leben auf der Erde dank vieler Erfolge seinen beschwerlichen, ziellosen Weg genommen, von Anfang an unbeobachtet und unbegriffen. Erst mit dem Erscheinen des Menschen hat eines der Geschöpfe des Lebens die Frage gestellt, was denn das Leben und was er, der Mensch selbst, sei. Manche haben sich in dem Gedanken gefallen, daß der Mensch das Ziel sei; daß das, worauf die Evolution hinziele, was das Leben mit dem Sinn erfülle, was das gesamte Universum hervorzubringen trachte, der Mensch sei – mit seinem Bewußtsein, seinem forschenden Geist, seiner zergliedernden Vernunft. Ich möchte lieber etwas bescheidener sein. Der Mensch ist nichts als ein – wenn auch ganz besonderes – Produkt einer Reihe blinder Zufälle und bitterer Notwendigkeiten. Sein biologisches Schicksal – wie das aller Geschöpfe der Evolution – ist es, gerade so fertig zu werden und mit knapper Not als Gattung zu überleben. Das Gehirn des Menschen, wohl die herrlichste Errungenschaft der Evolution, stattet ihn mit Fähigkeiten aus, die ihm helfen können durchzukommen, sofern er sie nicht dazu mißbraucht, sich selbst zu verstümmeln und zu zerstören. Seinem biologischen Schicksal kann der Mensch aber nicht entgehen, sowenig die Erde und die Sonne ihrem kosmologischen Schicksal entgehen können, sich bis zu einem Höhepunkt zu entwickeln, zu altern und – wenn ihre Energie verausgabt ist – zu vergehen. Wie lange wird der Mensch sich erhalten können: zehntausend, eine Million oder zehn Millionen Jahre? Der Sonne bleiben noch einige Milliarden Jahre aktiver Strahlungstätigkeit, dem Menschen ist gewiß eine sehr viel kürzere Zeit beschieden.

Der Mensch wird kaum planen oder hoffen können, innerhalb der Zeitspanne, die seiner Existenz auf der Erde bemessen ist, die Grenze dieses Planeten durch die Kolonisierung neuer Welten zu überwinden. Die übrigen Planeten der Sonne sind nicht nur unbewohnt, sondern biologisch gesehen auch unbewohnbar. Sie mögen ein gewisses mit technologischen Mitteln aufrechterhaltenes Leben – etwa in einem Mondlaboratorium – gestatten, doch die Evolution irdischer Organismen ist auf ihnen nicht möglich. Die Evolution des Menschen hat sich auf der Erde vollzogen; sie ist von der Erde geprägt und kann nicht von der Erde exportiert werden. Der

Planeten, die der Mensch zu erforschen begonnen hat, wird er sich höchstens in dem Sinne bedienen können, wie Imperien sich seit jeher der von ihnen eroberten Kolonien bedient haben: als Quelle des Eroberstolzes, als Ausweg für die Ruhelosen und als Ventil für emotionalen und sonstigen Überschuß.

Wie steht es mit den ferneren Welten, den Planeten ferner Sterne, die vielleicht ein Leben, möglicherweise sogar ein intelligentes Leben wie das unsere tragen? Weithin glaubt man, – wenn auch ohne rechte Begründung –, daß überall, wo entsprechende Bedingungen herrschten, Leben entstanden sei und sich entwickelt habe – möglicherweise auf Millionen von Planeten von ebenso vielen Sternen. Vorausgesetzt, das ist richtig; wird der Mensch jemals erfahren, wo diese Planeten im Raum sich befinden, und wird er jemals mit ihren Bewohnern kommunizieren? Als vor zwanzig Jahren die Radioastronomie in ihren ehrgeizigen Anfängen steckte, wurden Radioteleskope programmiert, auf Signale aus dem weiten Jenseits zu »lauschen« und den Himmel nach Sternen abzusuchen, die möglicherweise erdähnliche Planeten besitzen, deren Bewohner vielleicht intelligible Signale ins Weltall funken. Man vermutete, daß sich in solchen Signalen die Gesetzmäßigkeiten der Materie bzw. des Denkens äußern müßten, daß sie Reihen von ganzen Zahlen oder von Primzahlen oder Formeln enthalten würden, in denen die Gesetze der Physik beschrieben werden. Kein derartiges Signal wurde entdeckt, und das Programm wurde gestoppt, doch wird es vielleicht bald wieder aufgenommen. Der Reiz des Unbekannten aber lockt weiter. Sind die Menschen als mit Bewußtsein begabte und neugierige Wesen etwas Einmaliges im Weltall oder nicht? Wie die Antwort auch ausfallen mag – der Mensch kann sicherlich stolz darauf sein, daß er in der biologischen Evolution soweit gelangt ist, derartige Fragen stellen zu können.

10   Der Mensch

Eine über Jahrmillionen sich erstreckende Evolution ließ den Menschen entstehen; wenn das auch nicht heißt, daß sie mit ihm ein Ziel oder daß ein Streben nach Vollkommenheit seinen Höhepunkt erreicht hätte, so ist er doch etwas Außergewöhnliches, etwas Einmaliges und Aufregendes. Zum ersten Mal in der Geschichte der Erde hatte die natürliche Auslese eine Art von Organismen geschaffen, die denken und analysieren konnte. Auf einmal hatten die Rollen sich geändert: Aus dem großen schweigenden Schöpfer wurde die Natur zum Objekt der Forschung. Der die Natur begreifende Mensch erlangte auch Macht über sie. Jetzt brauchten nicht mehr alle lebenden Organismen sich den Beschränkungen durch ihre Umwelt zu unterwerfen; eine neue Art war erschienen, die lernen konnte, ihre Umwelt zu verändern und in gewissem Umfang ihren bewußten Wünschen gemäß zu gestalten. Selbstverständlich hatte damit die natürliche Auslese nicht aufgehört, als bestimmender Faktor der Evolution wirksam zu sein – auch nicht für den Menschen; aber die Kriterien der Auslese und des unterschiedlichen Reproduktionserfolges hatten sich verändert. Der Mensch fand Mittel und Wege, einigen von seiner Umwelt ausgehenden Beschränkungen entgegenzutreten und die gröbsten Auswirkungen der natürlichen Auslese auf seine eigene Art zu mildern. Wenn er seine Umwelt den eigenen Bedürfnissen anpaßte, geschah etwas anderes als beispielsweise bei den Bienen, den Vögeln oder den Bibern, die mit der Errichtung von Nestern oder Schutzbauten überwiegend in stereotyper, instinktmäßiger Weise auf ihre biologischen Antriebe und auf die Umgebung reagieren. Durch sein Bewußtsein wurde das Verhältnis des Menschen zu seiner Umwelt zu einer schöpferischen und entwicklungsfähigen Interaktion. Als Benutzer und Erfinder von Werkzeugen ersann er Kleider, schuf er sich ein Obdach und weitete er seinen Jagdbereich aus. Die Kälte bekämpfte er mit Hilfe des Feuers, die schmaler werdende Jagdbeute, indem er Tiere domestizierte, und schließlich lernte er, mit Hilfe des Ackerbaus den Hunger zu bekämpfen.

Jede dieser Errungenschaften benötigte unendlich viel Zeit. Es mußten Hunderttausende von Jahren verstreichen, bis nach dem ersten Auftreten von Geschöpfen, die man vielleicht als Menschen bezeichnen könnte, die Entwicklung des Ackerbaus begann. Erst in den letzten zehntausend Jahren haben die Menschen gelernt, ihren elementaren Nahrungsbedarf durch den Ackerbau zu decken.

Es war ein langsamer, aber ein natürlicher Fortschritt. Gegenüber dem Wandel, den die natürliche Auslese bewirkt hatte, war der Wandel in den menschlichen Fertigkeiten etwas Neuartiges, denn sie wurden nicht nur biologisch durch die Gene weitergegeben, sondern darüber hinaus auf kulturellem Wege durch Beispiel und mündliche Überlieferung. Mit der Erfindung der Sprache begann die kulturelle Evolution; sie negierte nicht die biologische Evolution, sondern überlagerte diese; da sie rascher verlief, vermochte sie die Auswirkungen der älteren Form der Evolution beinahe zu verdecken.

Viele Jahrtausende hindurch machte der Mensch allerdings in der technischen Naturbeherrschung nur langsame Fortschritte. Er erfand das Rad, das die ersten Maschinen und eine bescheidene Ausnutzung der Kräfte von Wasser und Wind möglich machte. Er lernte, Kupfer, Bronze und schließlich Eisen zu schmelzen und zu formen. Jeder dieser Schritte ermöglichte ihm, neue Nischen auf der Erdoberfläche zu besetzen und die Bevölkerungszahl in bescheidenem Umfang zu erhöhen.

Schließlich schuf der menschliche Intellekt innerhalb der letzten dreihundert Jahre ein neues Werkzeug: die moderne Wissenschaft als ein Resultat aus der Anwendung der experimentellen Methode und des mathematischen Denkens. Das Experiment befreite Wissenschaft und Technologie von den Fesseln des Vorurteils. Mit dem matemathischen Kalkül unterwarf der Mensch sich Bewegung und Wandel, Materie und Zeit, die sich ja nicht in einem ruhenden, sondern vielmehr in einem fließenden Zustand befinden. Mit diesen neuen Instrumenten veränderten sich die Kräfte, über welche die Menschheit verfügte, qualitativ; mit den neuen Energieträgern, die er für mechanische Arbeit zu nutzen verstand, war der Mensch beim Ziehen, Pflügen, Graben und Bauen nicht mehr auf animalische Kraft angewiesen, sei es seine eigene oder die Kraft des Pferdes, des Kamels und des Büffels. Zuvor hatte der Mensch das Gesicht der Erde verändert, indem er Teiche grub, Brücken baute, die Ackerbaufläche erweiterte und wegen der Beschaffung von Brenn- und Baumaterial die Urwälder zerstörte; nun besaß er viel weiter gehende Möglichkeiten, die Oberfläche der Erde umzugestalten.

Die Wissenschaft hat den Menschen auch die Beschränktheit seiner eigenen Kräfte gelehrt. Jedesmal, wenn er seine Herrschaft über die Natur erweiterte, ist der Mensch auf neue

Hindernisse gestoßen; Hindernisse, die lange Zeit nur vorübergehender Natur waren und durch die Entwicklung neuer Verfahren überwunden wurden. Schließlich stieß die Eroberung der Erde durch den Menschen jedoch auf eine neue Art von Schranken, die gerade mit den Dimensionen der ihm zur Verfügung stehenden Erde zusammenhängen. Jetzt muß der Mensch sich etwas anderes einfallen lassen. Je nachdem, wie er sie nutzt, können die Kräfte, über die er verfügt, weiterhin wundervolle Instrumente sein, aber auch zu Kräften der Zerstörung werden.

Nichts in der menschlichen Geschichte ist von so hervorragender oder auch von so verhängnisvoller Bedeutung wie das Wachstum der Weltbevölkerung, das ein Ergebnis der modernen Landwirtschaft, der Hygiene und der medizinischen Wissenschaft ist. Die öffentliche Gesundheitsfürsorge ist zu einem anerkannten und leistungsfähigen Zweig der Wissenschaft geworden. Die Medizin hat sich vom Aberglauben befreit und eine solide Basis wissenschaftlicher Erkenntnisse geschaffen. Die medizinische Praxis stützt sich heute in wachsendem Maße auf chemische und molekularbiologische Erkenntnisse über den menschlichen Körper. Gewisse Krankheiten sind verschwunden oder haben doch ihre unheilvolle Bedeutung verloren. Durch Schutzimpfungen sowie durch die Entwicklung von Antibiotika in den letzten vier Jahrzehnten sind zahlreiche Infektionskrankheiten unter Kontrolle gebracht und viele Patienten gerettet worden, die einst zu einem frühen Tode verurteilt gewesen wären. Zumindest in den entwickelten Ländern sind anstelle der Infektionskrankheiten die am Ende des mittleren Lebensalters auftretenden Krankheiten – Herzerkrankungen und Krebs – zu den hauptsächlichen Todesursachen aufgerückt.

Dank reichlicherer Ernährung, erweiterter Gesundheitsfürsorge und besserer Medizin begann die Weltbevölkerung zu wachsen. Nachdem sie jahrhundertelang relativ stabil geblieben war, stieg die Zahl der Menschen von schätzungsweise 700 Millionen im Jahre 1750 auf eine Milliarde um 1850, zwei Milliarden um 1930 und auf annähernd vier Milliarden heute. Wenn die gegenwärtige Entwicklung anhält, wird es im Jahre 2000 sieben Milliarden und im Jahre 2050 15 Milliarden oder mehr Menschen geben.

Ob angesichts dieses Wachstums die Erde noch ausreichend Nahrung, Rohstoffe und Energie bieten kann, wird von der Klugheit und dem Einfallsreichtum der Menschen abhängen. Sicher ist aber, daß die Menschheit sich einer Grenze nähert. Während die Bevölkerung – wie Spargeld bei Zinseszins – immer schneller zunimmt, wächst die Erde nicht. Selbst wenn es gelingen sollte, für die zusätzlichen, unübersehbaren Menschenmassen Nahrung, Heizung und Wohnung zu schaffen, so wird doch das Leben auf der Erde sich unausweichlich enorm verändern und aller Wahrscheinlichkeit nach fast unerträglich werden.

Die größte Herausforderung der kommenden Jahrzehnte wird wohl nicht darin bestehen, die Milliardenmassen gerade noch zu ernähren, sondern zu verhindern, daß sie geboren werden. Zum erstenmal in der Geschichte der Evolution ist eine Art auf die Notwendigkeit gestoßen und sich ihrer bewußt geworden, das eigene quantitative Wachstum zu regeln. Mit den verschiedenen Methoden der Geburtenkontrolle, die sicher in naher Zukunft noch weiter vervollkommnet werden, ist eine zahlenmäßige Beschränkung der Weltbevölkerung heute technisch möglich. Soziologen und Biologen – unter ihnen auch ich – glauben, daß zuallererst eine humane Regelung und Beschränkung des Bevölkerungswachstums erreicht werden muß, wenn man eine friedliche Welt und auch in Zukunft akzeptable menschliche Daseinsbedingungen erreichen möchte.

Bevor jedoch eine stabile Weltbevölkerung erreicht ist, sind zahlreiche – nicht so sehr biologische als vielmehr soziale und politische – Hindernisse zu überwinden. Zwar ist die Menschheit vor den drohenden Gefahren der Bevölkerungsexplosion und ihren ökonomischen und ökologischen Konsequenzen gewarnt, doch zahlreiche Kräfte hindern sie, diesen Gefahren ihre volle Aufmerksamkeit zuzuwenden.

Welche biologischen Konsequenzen hätte es für den Menschen, wenn die Erdbevölkerung stabilisiert werden könnte? Das hängt davon ab, auf welche Weise die Stabilisierung erreicht wird – ob durch freiwilliges Handeln oder durch zwingende Vorschriften – und – im letzteren Falle – von der Art dieser Vorschriften. In manchen Zügen wird dieser Prozeß unweigerlich an die Domestikation von Tieren und Pflanzen erinnern. Selbst wenn die Beschränkung der Weltbevölkerung auf freiwilliger Grundlage zustande käme, würde wahrscheinlich in einem gewissen, geringen Umfang eine genetische Auslese die Folge sein. Wenn nun aber auf der Suche nach Möglichkeiten, ihre eigene Vermehrung einzuschränken, die Menschheit versuchen sollte, bestimmte Individuen oder Gruppen aufgrund körperlicher, geistiger oder rassischer Markmale bevorzugt zur Fortpflanzung zuzulassen, dann entstünden bedenkliche Möglichkeiten. Erkenntnisse über die Vererbung beim Menschen und insbesondere die Vererbung von Verhaltensmerkmalen können eine *Eugenik*, also die Bevorzugung einer Gruppe gegenüber einer anderen, aber auch eine Vorhersage, wie die Nachkommen einer bestimmten Gruppe ausfallen werden, wissenschaftlich nicht rechtfertigen. Die wirklichen Gefahren liegen nicht so sehr im biologischen als vielmehr im gesellschaftlichen Bereich. Es ist nur allzu wahrscheinlich, daß so, wie die menschlichen Gesellschaften heute beschaffen sind, die Notwendigkeit einer Fortpflanzungsbeschränkung zwar nicht Gründe, aber doch Gelegenheiten für neue Formen der Unterdrückung liefern würde – der Unterdrückung von Menschen mit schwarzer, roter oder weißer Haut, von Juden, Arabern oder Heiden, von Tschechen, Indianern oder Vietnamesen. Vielleicht würde man den Völkermord nicht mehr mit dem Willen Gottes, den Gesetzen des Dschungels oder den Bedürfnissen des Pentagons, sondern mit den Erfordernissen der Eugenik rechtfertigen.

Nun könnte man paradoxerweise dafür plädieren, für die Zeugung künftiger Generationen aus jeder verfolgten Gruppe diejenigen auszulesen, die den Gefahren des Völkermords erfolgreich getrotzt haben, denn ihre Erbkonstitution könnte Genkombinationen enthalten, die den möglicherweise grauenvollen Gefahren künftiger Zeitalter besser angepaßt sind. Aber auch mit diesem Argument würde man einem Mißverständnis erliegen. Was in einem Abschnitt der Evolution gut ist, kann in einem anderen nutzlos sein. Was die natürliche Auslese verlangt, ist Anpassungsfähigkeit – verschiedene Genotypen müssen unter verschiedenen Umständen alle einigermaßen zurechtkommen können – und Plastizität – durch Veränderung der Genhäufigkeit kann eine breite genetische Variation prompt auf Veränderungen der Umwelt reagieren. Biologisch ist für das Überleben die Vielfalt der Genotypen, die schöpferische Verschiedenheit entscheidend, und zwar unter den Bedingungen kontrollierten Bevölkerungswachstums in noch stärkerem Maße als in der freien Natur. Der Weg zum biologischen Erfolg führt nicht über die Domestikation ausgewählter Rassen. Wie könnten denn die Hühnerfarmen mit neuen wirtschaftlichen und ökologischen Bedingungen oder mit neuauftretenden Hühnerkrankheiten fertig werden, wenn sie ausschließlich weiße Leghorn-Hühner hielten?

Die Menschheit ist eine promiskuitive Gattung in dem Sinne, daß sie Verbindungen zwischen Angehörigen verschiedener lokaler Populationen durch Mobilität fördert. Diese Praxis sorgt dafür, daß eine große Vielfalt an Genotypen vorhanden ist, die sich im erforderlichen Maße an neue Umweltsituationen anpassen können. Würde man nun die Angehörigen einer bestimmten Gruppe oder eines bestimmten Typus für die Erzeugung künftiger Generationen auslesen, so würde wahrscheinlich die Variabilität im ganzen kaum abnehmen, aber es könnten doch einige Komponenten der genetischen Variation, die sich in einer fernen Zukunft als nützlich oder als wünschenswert erweisen könnten, vollständig ausgeschaltet werden.

Genetiker halten nichts von Versuchen, Gruppen von Menschen, wie etwa Nationen oder Rassen, als höherwertig oder minderwertig einzustufen, genausowenig wie sie eine Form eines Gens für notwendig besser halten als eine andere Form, es sei denn, daß die eine Form tatsächlich einen unübersehbaren Fehler aufweist. In der freien Natur ist es für eine Art von unschätzbarer Bedeutung, daß sie sich eine große genetische Variabilität erhält. Interfertile Rassen, wie etwa die großen menschlichen Rassen, sind Populationen, die in unterschiedlichen Umgebungen leben und unter dem Druck der natürlichen Auslese eine unterschiedliche Genhäufigkeit entwickelt haben, die also verschiedene Ausprägungen von bestimmten Genen nicht in der gleichen Häufigkeit aufweisen. Für die menschliche Art stellen diese Populationen einen ungeheuren Vorrat an genetischer Variabilität und an genetischen Möglichkeiten dar. Die Menschheit sollte deshalb, wenn sie zu einem kontrollierten Bevölkerungswachstum kommt, versuchen, sich dabei nicht in eine domestizierte Zuchtrasse von ausgewählter genetischer Zusammensetzung zu verwandeln, sondern sich die genetische Struktur einer natürlichen Art bewahren, wie es die Menschheit sicherlich ist.

Das heißt nun keineswegs, daß genetische Überlegungen von einem Programm zur Bevölkerungskontrolle auszuschließen wären. Menschen mit bestimmten genetischen Defekten, die wahrscheinlich beschädigte Kinder hervorbringen würden, sollte man durch eine entsprechende Beratung durchaus von der Fortpflanzung abhalten. Auch hier ist natürlich Freiwilligkeit vernünftiger als Zwang.

Bisher hat die Menschheit mit Hilfe der Medizin die entgegengesetzte Richtung eingeschlagen. Die großen Erfolge der Medizin bestehen häufig darin, die Konsequenzen genetischer Defekte zu korrigieren, eine sogenannte *Euphänik* zu betreiben. Dadurch wird natürlich der mit dem Schaden behaftete Mensch nicht nur gerettet, sondern er wird oft auch in den Stand versetzt, Kinder mit dem gleichen Schaden zu zeugen. Beim Diabetiker wird mit der Insulinspritze ein Ausgleich für das fehlerhafte Produkt eines einzigen Gens geschaffen. Es ist ebenfalls ein einzelnes Gen, dessen krankhafte Mutation ausgeglichen wird, wenn ein neugeborenes Kind von der Milchnahrung abgesetzt wird, weil die Galaktosämie den Milchzucker für sein Gehirn zum Gift werden läßt. Es ist nichts Irrationales daran, wenn man versucht, die einzelnen Träger eines Erbschadens am Leben zu erhalten, und gleichzeitig bemüht ist, solche Menschen von der Fortpflanzung abzuhalten. Sobald es geboren ist, ist ein Kind mehr als ein statistischer Fall; in ihm verkörpern sich Hoffnung und Liebe, ja unsere ganze Humanität.

Tatsächlich wird sich auch bei einem kontrollierten Bevölkerungswachstum die Euphänik weiterentwickeln. Als Beleg dafür eignet sich hier die Sichelzellenanämie, bei der durch eine genetische Abnormalität eine Veränderung in nur einer Aminosäure des Hämoglobin-Moleküls hervorgerufen wird. Ist das abweichende Gen nur in einer Kopie vorhanden, so sind geringfügige Atmungsbeschwerden die Folge; ist es aber in zwei Kopien vorhanden, so ruft es eine tödliche Krankheit hervor, weil die anomalen Moleküle sich verklumpen und die roten Blutkörperchen verformt werden. Bei einer euphänischen Behandlung würde man durch ein Medikament, das aber auch noch nicht zur Verfügung steht, diese Verklumpung der roten Blutkörperchen verhindern. Bemerkenswerterweise tragen fast zehn Prozent der amerikanischen Neger das Sichelzellen-Gen. Man hat das auf die Tatsache zurückgeführt, daß das nur in einer Kopie vorhandene Sichelzellen-Gen vor Malaria schützt, daß also bei Menschen, die seit vielen Generationen in Malariagebieten wie etwa Äquatorial-Afrika gelebt haben, dieses Gen durch Auslese in hohem Maße verbreitet sein muß. Der Malaria-Erreger verbringt einen Teil seines Lebens in den roten Blutkörperchen, und offenbar liebt er das anomale Hämoglobin nicht.

Die Sichelzellenanämie ist, wenn man das entsprechende Medikament erst gefunden hat, sicher behandlungsfähig. Gewisse genetische Schäden werden aber wahrscheinlich nie einer euphänischen Behandlung zugänglich sein. Der Mongolismus ist beispielsweise eine angeborene Krankheit, die durch eine Umverteilung von Chromosomenteilen im Ei hervorgerufen wird. Am häufigsten tritt er bei Kindern älterer Frauen auf; da alle Eier schon bei ihrer Geburt in den Eierstöcken einer Frau vorhanden sind, nimmt mit dem Alter die Möglichkeit zu, daß das Ei beschädigt wird. Was kann man bei einer derartigen genetischen Schädigung tun? Außer der Empfängnisverhütung bei älteren, aber immer noch fruchtbaren Frauen besteht eine Möglichkeit in der Frühdiagnose und der Ermöglichung der Abtreibung. Ein erfahrener Arzt kann von der klaren Flüssigkeit, die den Fötus im Uterus umgibt und in der einige Hautzellen des Embryos schwimmen, eine Stichprobe entnehmen und diese untersuchen. Ein erfahrener Mikroskopist kann in den Hautzellen das abnorme Chromosom entdecken. In manchen Krankenhäusern können alle schwangeren Frauen von über 35 Jahren jetzt diesen Test vornehmen lassen. Wenn nun ein Embryo die chromosomalen Anzeichen des Mongolismus erkennen läßt, entsteht die Frage, ob man ihn leben lassen oder ob man die Schwangerschaft unterbrechen soll.

Wir befinden uns hier in einer Grenzsituation zwischen der Geburtenkontrolle, die gewöhnlich als eine Kontrolle der Empfängnis verstanden wird, und einer Kontrolle, die selektiv über das Schicksal eines existierenden Fötus entscheidet. Je nach der ethischen und religiösen Anschauung sind die Meinungen geteilt, und es geht dabei nicht nur um die medizinische Beurteilung, sondern auch um die Frage, ob eine Frau das Recht hat, über die Frucht ihres Leibes zu entscheiden. Wahrscheinlich wird ein jedes künftiges Programm zur Geburtenbeschränkung als integralen Bestandteil auch die legale Schwangerschaftsunterbrechung enthalten, aber gerade der Widerstand gegen die Abtreibung kann die Annahme eines vernünftigen Programms zur Bevölkerungskontrolle durchaus verzögern. Solche Fälle wie der Mongolismus, in denen durch die Abtreibung ein elendes Dasein verhindert und der Familie wie der Gesellschaft gnädigerweise eine traurige Last erspart bleibt, mögen vielleicht helfen, einer künftigen, einsichtsvollen Gesetzgebung den Weg zu ebnen.

Die Schwangerschaftsunterbrechung ist ein genetischer Eingriff negativer Art; sie beseitigt den Schaden, indem sie das

Beschädigte beseitigt. Die Frage ist, ob man genetische Schäden korrigieren kann, nicht indem man die Produkte der Gene ersetzt oder verändert, sondern indem man bei den Genen selbst eingreift. Diese Frage gehört zum Bereich der sogenannten genetischen Eingriffe oder der genetischen Manipulation; im Augenblick liegt diese Möglichkeit noch fern, doch gibt es Gründe für die Annahme, daß sie bald zu einer Realität werden kann.

Es ist nicht schwer, sich vorzustellen, in welcher Weise eine genetische Manipulation durchgeführt werden könnte. Man könnte in den lebenden Körper ein normales Gen einführen, indem man eine reine Lösung normaler Gen-DNA injiziert. Von dem Bakterium *Escherichia coli* ist bereits ein einzelnes Gen isoliert worden. Bei dieser Tour de force hatte man es aber mit einmalig günstigen Umständen zu tun; beim Menschen wird die Isolierung einzelner Gene mit Sicherheit ungleich schwieriger sein. In der Wissenschaft ist jedoch die Lösung einer Aufgabe, wenn sie erst einmal eindeutig definiert ist, im allgemeinen nur eine Frage der Zeit.

Aber auch wenn Gene rein zur Verfügung stünden, wäre es nicht einfach, sie in die entsprechenden Zellen hineinzubringen, wo sie die Aufgabe ihres abnormen Gegenstücks zu übernehmen hätten. Außerhalb der Zelle ist die DNA eine träge Substanz, die nicht ohne weiteres von sich aus in eine Zelle eindringt. Statt die DNA zu injizieren, müßte man sich schon ein paar bessere Tricks ausdenken, und tatsächlich kann man sich einige solcher Tricks auch schon vorstellen, wenn auch noch nicht in die Tat umsetzen. Man könnte z. B. Viren benützen. Bei bestimmten Viren kann man die Nukleinsäure durch eine Ladung zellulärer DNA ersetzen. Gegenüber der DNA allein werden sich solche Gen transportierenden Viren letzten Endes wohl als die besseren Instrumente zur Korrektur fehlerhafter menschlicher Gene erweisen, weil sie sich eventuell vermehren und die in ihnen enthaltene Gene auf bestimmte Zellen übertragen können.

Bevor solche Methoden aber in der medizinischen Praxis Anwendung finden können, sind noch enorme technische Schwierigkeiten zu überwinden – etwa die Auswahl des geeigneten Virus, seine Bestückung mit dem gewünschten Gen und das Verhindern einer Schädigung des Patienten durch das Virus selbst. Es mag gefährlich klingen, daß Menschen mit lebenden Viren behandelt werden, doch das ist seit fast 200 Jahren mit Pockenimpfstoff und seit neuerem mit Polio-Impfstoff gebräuchlich; die Impfung mit einem harmlosen lebenden Virus kann Immunität gegenüber einem tödlichen Virus schaffen.

Bei der Übertragung eines fehlenden normalen Gens auf den Menschen könnte die genetische Technik vielleicht noch einen Schritt weitergehen. Das Problem, wie die Gene in die Zellen gebracht werden, ließe sich vielleicht dadurch umgehen, daß man nicht Gene oder Gen-Virus-Verbindungen injiziert, sondern Zellen, welche die richtigen Gene enthalten. Würden diese Zellen einem anderen Menschen entnommen, dann würden sie wahrscheinlich als fremde Substanz erkannt und vernichtet werden. Vielleicht wäre es aber durchführbar, dem Patienten Zellen zu entnehmen, sie im Labor zu züchten, das gewünschte oder die gewünschten Gene in sie einzuführen und sie dann wieder in den Körper des Patienten zu bringen. Das alles klingt wie science fiction. Die science fiction besitzt jedoch die beunruhigende Tendenz, sich früher zu bewahrheiten, als man erwartet. Vielleicht werden schon in zwanzig oder dreißig Jahren genetische Eingriffe medizinisch genutzt.

Nach der Korrektur genetischer Schäden beim einzelnen könnte der nächste Schritt darin bestehen, daß man Gene aus dem Erbgut, das ein einzelner an seine Nachkommen weitergibt, korrigiert oder ersetzt. Dazu müßten die entsprechenden Gene in die Fortpflanzungszellen – Sperma oder Eier – eingeführt werden. Noch scheinen dem sehr große Schwierigkeiten entgegenzustehen, doch auch sie werden vielleicht mit den Fortschritten der Biologie geringer. Gegenwärtig arbeitet man an der künstlichen Befruchtung menschlicher Eier durch menschlichen Samen im Reagenzglas. In den Uterus eingeführt, würden diese Eier sich vermutlich zu Babies entwickeln. Diesen Schritt hat man noch nicht getan, und man sollte ihn wohl auch nicht unternehmen, bevor nicht eine gewisse Sicherheit gegeben ist, daß die so entstehenden Kinder keine Schäden aufweisen werden. Beim Zusammentreffen von Ei und Samenzelle besteht möglicherweise eine günstige Gelegenheit, ihre Gene zu manipulieren, sie auszubessern oder nach medizinischen Gesichtspunkten andere Gene hinzuzufügen.

Wenn man das biologische Wissen der Gegenwart in die Zukunft einer genetischen Medizin projiziert, gelangt man unweigerlich auf umstrittenes Gebiet. Praktiken wie die Abtreibung, mit der die Geburt eines beschädigten Kindes unterbunden werden soll, oder die Einführung fremder Gene in das Erbgut eines Menschen werfen ernsthafte moralische Probleme auf. Eines Tages wird der Mensch vielleicht nicht nur darüber entscheiden können, wer und wer nicht geboren werden soll, sondern auch darüber, wie diejenigen, die dann geboren werden, aussehen sollen, welche Gene sie haben und welche sie nicht haben sollen, und wem sie ähnlich sein werden. Eine andere faszinierende und beunruhigende Möglichkeit stellt das sogenannte *Cloning* von menschlichen Wesen dar, bei dem man den Kern aus einem menschlichen Ei entfernt, ihn durch den Kern aus einer erwachsenen Zelle ersetzt und das Ei in den Uterus einpflanzt. Aus einem solchen Ei würde sich ein

Individuum entwickeln, das in genetischer Hinsicht mit dem Spender des Zellkerns identisch ist. Wie schon früher erwähnt, ist das Cloning bei Fröschen mit Erfolg durchgeführt worden. Wenn es beim Menschen durchführbar wäre, ließen sich auf diese Weise von ein und demselben Individuum viele Kopien herstellen – viele identische Zwillinge, oder besser gesagt: Mehrlinge. Wie würden solche Cloning-Zwillinge sich fühlen? Ob sie darunter leiden würden, daß sie nicht einmalig sind, oder ob sie umgekehrt aus ihrer biologischen Identität mit zahlreichen Geschwistern ein neues Gefühl menschlicher Gemeinschaft entwickeln würden, läßt sich nicht vorhersagen. Es ist ganz allgemein nicht möglich, die Konsequenzen künftiger Biotechniken abzusehen, da man nicht abschätzen kann, welche Wechselwirkungen sich mit dem gesellschaftlichen Rahmen ergeben, in dem diese Techniken einmal angewandt werden. In einer Gesellschaft, die auf der Bereitschaft zur Zusammenarbeit und zu gegenseitiger Hilfeleistung beruht, könnte die genetische Identität den herrschenden Wertvorstellungen eine zusätzliche biologische Grundlage geben. Leider haben die Anthropologen festgestellt, daß Gesellschaften, die einem solchen Ideal nahekommen, nur auf wenigen einsamen Südsee-Inseln existieren. In einer von Konkurrenz, Kastendenken und Macht besessenen Gesellschaft könnte die Fähigkeit, Menschen durch Selektion oder durch Manipulation der Eier, der Samenzellen und der Gene zu verändern, zu einer verstärkten Unterdrückung und Ungleichheit beitragen. Sie könnte dazu dienen, massenhaft gehorsam fronende Sklaven zu erzeugen oder auch Eliten von völlig identischen Herrschern aufzuziehen; im alten Ägypten heirateten die Pharaonen ihre Schwestern, um Nachfolger zu zeugen, die ihrer eigenen Göttlichkeit soweit wie möglich ähnlich wären. Angesichts solcher alptraumhaften Spekulationen wirkt es ernüchternd, wenn man die philosophischen Konsequenzen von Experimenten erörtert, die nicht in medizinischer, sondern in eugenischer Absicht am menschlichen Erbgut vorgenommen werden könnten. Wie sähe eine Welt aus, in der Menschen – und seien es nur wenige – nicht als ein Selbstzweck, sondern als Mittel für einen ihnen fremden Zweck erzeugt würden? Das Dilemma, das diese Frage aufreißt, ist das gleiche, das uns Tierexperimente akzeptabel erscheinen läßt, Experimente mit Menschen dagegen nicht. Der Mensch ist eben kein Tier. Was jeden Menschen in den Augen seiner Mitmenschen gegenüber dem Tier auszeichnet, ist die Achtung, die ihm wie allen anderen aufgrund seines Menschseins gebührt.

Wenn man sich überlegt, welche Fortschritte die Wissenschaft gemacht hat, dann wird deutlich, daß die Klugheit, mit der der Mensch sich selbst steuert, nicht im gleichen Maße zugenommen hat wie seine Macht, sich selbst und seine Umwelt zu verändern, zu verändern durch die Wissenschaft, die Technologie, die Medizin, die Empfängnisverhütung oder auch die genetischen Eingriffe der Zukunft. Je größer diese Macht wird, desto größer werden auch die mit ihr verbundenen Risiken und Chancen. Trotz wachsender Rüstungen, konkurrierender Gebietsansprüche und kolonialer Verirrungen glaubte die westliche Welt noch zu Beginn des 20. Jahrhunderts, sie könnte ihre Hoffnung auf eine wachsende, arbeitsparende Technik und auf die Entwicklung der internationalen Verbände der Arbeiter und der Geistesschaffenden setzen, und deshalb ginge sie zwar nicht ungestört, aber doch unaufhaltsam einem Zeitalter des friedlichen Fortschritts entgegen. Nach zwei Weltkriegen und mehreren Massenvernichtungen steht die Menschheit heute entsetzt vor dem Ausmaß des angerichteten Unheils.

Einige Autoren, die sich mit der vergleichenden Verhaltensforschung befassen, haben die These geäußert, die menschliche Aggressivität, die Inhumanität, die der Mensch im Krieg und in anderen Situationen gegenüber dem Menschen zeige, sei die Äußerung eines biologischen Wesenszuges und entspreche den aggressiven Verhaltensweisen, wie sie bei zahlreichen Tierarten zu beobachten seien. In einem wissenschaftlich nicht gerechtfertigten Gedankensprung haben die Vertreter dieser These in verschiedener Form sodann die Schlußfolgerung gezogen, daß Krieg, Kriminalität und Rassenhaß Äußerungen eines unbezwingbaren biologischen Dranges seien. Eine derartige Argumentation ist weder biologisch begründbar noch soziologisch aufgeklärt. Die Annahme, daß im aggressiven Verhalten anderer Arten sich ähnliche genetische Mechanismen äußerten wie beim Menschen, ist unbegründet. In den Tausenden von Generationen, seit die Ahnenreihe des Menschen sich von der anderer Primaten abgezweigt hat, bestand für die Evolution mit der Entfaltung des menschlichen Gehirns hundertfache Gelegenheit, die »Aggressionsgene« unserer Vorfahren, wenn es sie je gegeben haben sollte, auszulöschen und sogar neue zu prägen. Wahrscheinlicher ist aber, daß die Evolution ein kooperatives Verhalten, das dem Gemeinschaftsleben förderlich war, bevorzugte.

Gewiß ist das menschliche Verhalten teilweise biologisch determiniert, doch das bedeutet nicht, daß es dem tierischen Verhalten analog wäre. Kulturelle und gesellschaftliche Faktoren sind von überragender Bedeutung. Die Aggression in der menschlichen Gesellschaft ist nicht so sehr auf biologische Imperative als vielmehr auf einen soziologischen Imperialismus zurückzuführen – also auf die Organisation der Gesellschaft selbst. Mit Hilfe von Theorien, welche die Uneinigkeit unter den Menschen auf biologische Faktoren zurückführen, können rassische und nationale Konflikte allzu leicht pseudowissenschaftlich erklärt und gerechtfertigt werden, und es kann allzu leicht aus ihnen gefolgert werden, daß solche Konflikte sich nicht durch Erziehung und nicht durch gemeinschaftliche Willensbildung verhindern lassen, sondern nur, indem man angeblich höherwertige Genotypen bevorzugt. Ein derart fatalistischer »Biologismus« findet in der ernstzunehmenden Biologie keine Rechtfertigung. Es ist nicht zu bezweifeln, daß die Konflikte in den menschlichen Gesellschaften überwiegend in der Struktur dieser Gesellschaften und in dem damit zusammenhängenden Überbau aus Glaubensvorstellungen, Mythen und Vorurteilen ihre Ursache haben.

Wo aber auch immer die Hauptursachen der Konflikte in der menschlichen Gesellschaft liegen mögen – es ist durchaus verständlich, wenn Menschen, die sich Gedanken machen, gegenüber den Verheißungen der biologischen Technik skeptisch sind und ihren möglichen Mißbrauch fürchten. Die Fähigkeit, das menschliche Erbgut zu verändern, kann genauso wie die Fähigkeit, aus dem Atomkern Energie zu entbinden, zum Guten oder zum Bösen benutzt werden; sie kann das menschliche Dasein erhöhen, sie kann es aber auch entwürdigen und vernichten. Wenn die von der Biologie verheißenen neuen Möglichkeiten eines Tages Wirklichkeit werden sollten, dann wird es von der Entscheidung der Menschen abhängen, welchen Zielen sie dienen sollen. Man wird mit diesen Möglichkeiten nicht nur die physische Beschaffenheit der Menschen verändern können, sondern auf direkte oder indirekte Weise auch ihre intellektuellen, geistigen und emotionalen Qualitäten, ihre Wünsche, ihren Geschmack und ihre Wertvorstellungen, kurz, ihre Persönlichkeit formen können. Wenn er dazu beitragen kann, daß eine vernünftige Entscheidung getroffen wird, muß der Biologe die Öffentlichkeit über die verschiedenen Möglichkeiten aufklären.

Auf die Frage, ob der Mensch als Mensch überleben kann, wenn er teilweise zum Kunstprodukt genetischer Eingriffe wird, kann man nur antworten, daß der Mensch bereits das Kunstprodukt der Erziehung und Bildung, das Kunstprodukt der Gesellschaft ist, die ihn mit ihren Zwängen, ihren Versprechungen, ihren Belohnungen und ihren Versagungen umgibt. Beladen mit seinem sich entwickelnden genetischen und seinem wachsenden kulturellen Erbe, stolpert der Mensch, jeden Fortschritt ergreifend, blindlings dahin, und der Weg, den er zurücklegt, ist nicht der Weg zur Vollkommenheit, sondern der uralte Weg zum biologischen Überleben. Und doch ist in ihm etwas Einzigartiges: die Fähigkeit, mit Bewußtsein zu denken; ihr verdankt er es, daß sein Erdendasein nicht in passiver Unterwerfung unter die Naturkräfte verharrt, sondern zu einem Abenteuer voller Würde, ja voller Hoffnung wird.

11   Geist

Mit dem Erscheinen des Menschen trat eine neue Kraft auf der Erde auf – der menschliche Geist. Zum erstenmal erhielt eine biologische Art durch dieses einzigartige Instrument die Möglichkeit, ihr Verhältnis zur Umwelt nicht nur durch Migration, sondern durch die bewußte Manipulation der sie umgebenden Welt, letzten Endes vielleicht gar durch Manipulation des eigenen Erbguts zu verändern. Neben dieser äußeren Macht aber hat der menschliche Geist etwas noch Wunderbareres geschaffen: die Fähigkeit, die Empfindungen eines einzelnen in allgemein verständlicher Weise auszudrücken – also die Kunst. Die durch Technik vermittelte Naturbeherrschung und die durch Kunst vermittelte Ausdrucksfähigkeit beruhen auf Bewußtsein und Vorstellungskraft des Menschen – auf der Fähigkeit, seine Erlebnisse zu beobachten und begrifflich zu kategorisieren, vergangene Erlebnisse in Erinnerung zu rufen und neue Erfahrungen zu antizipieren, ohne ihnen unbedingt in konkreten Situationen ausgesetzt zu sein.

Weder das Bewußtsein noch die Vorstellungskraft sind ausschließlich für den Menschen kennzeichnend; Hunde können träumen, und vermutlich führen viele Tiere einfache Akte abstrakten Denkens aus. Auch das Gedächtnis spielt im tierischen Handeln sicher eine wesentliche Rolle. Die qualitativ verschiedene Leistung des menschlichen Geistes besteht jedoch darin, daß er nach Belieben vergangene Erfahrungen in Erinnerung rufen und deren Spuren zu neuen Denkmustern zusammensetzen kann, sei es, daß er Voraussagen über die Zukunft macht, sei es, daß er auf der Suche nach Bedeutung abstrakte Verallgemeinerungen entwickelt. Der menschliche Geist bringt Erklärungen, Bedeutungen und Werte hervor.

Der für die Entwicklung des menschlichen Geistes entscheidende Schritt muß in der Erfindung der Sprache bestanden haben. Die menschliche Sprache ist ein außergewöhnliches und einzigartiges Instrument. Sie unterscheidet sich grundlegend von den Kommunikationssystemen anderer Tierarten, etwa von den ausschließlich erbbedingten Balzrufen mancher Vögel oder von dem Gesang, den andere Vogelarten während ihrer Reifungszeit erlernen. Der Gesang der Vögel besteht in äußerst stereotypen Botschaften. Die Vögel können keine neuen Tonfolgen erzeugen, um neue oder komplexere Informationen zu vermitteln. Selbst die höchstentwickelten Affen, deren Gehirn dem des Menschen in vielen Hinsichten ähnelt, können den Gebrauch von Wörtern nur in einer äußerst beschränkten Weise erlernen. Die Sprachleistung eines Schimpansen liegt nach jahrelangem Training unter der eines einjährigen Kindes. Allerdings sollen Schimpansen die Zeichensprache etwas leichter erlernen und ein Verständigungssystem erwerben können, das dem eines zwei- bis vierjährigen Kindes entspricht.

Die menschliche Sprache ist einzigartig in ihrer Flexibilität und Kreativität. Sie stellt eine abstrakte Repräsentation von Dingen und Beziehungen dar, die für eine willkürliche Erinnerung, Vorstellung, Vorwegnahme und Planung manipuliert werden kann. Als Adam allen Tieren und Pflanzen im Garten Eden einen Namen gab, übte er in der Tat jene Fähigkeit aus, die den Menschen im höchsten Grade auszeichnet. Durch die Sprache als ein Instrument des symbolischen Wissens über die Welt wurde dieses Wissen übertragbar. Dank der Sprache war es nicht mehr nötig, Erfahrungen selbst zu erleben, um von ihnen zu wissen. Der einzelne konnte seine Erfahrung mündlich an andere weitergeben, um Bewunderung zu erregen, Warnungen auszusprechen oder wertvolles Know How zu vermitteln; diese Kommunikation verlief nicht nur horizontal zwischen den Angehörigen einer und derselben Generation, sondern auch vertikal von einer Generation zur anderen. Mit der menschlichen Sprache konnte zum erstenmal in der Geschichte des Lebens die gesammelte Erfahrung auf dem Wege der Erziehung an die Jugend weitergegeben werden. Neben der biologischen Evolution, in der sich Genunterschiede anhäufen, hatte die kulturelle Evolution eingesetzt, die Anhäufung von Erfahrungen und Gedanken in symbolischer Gestalt.

Mit der Art *Homo sapiens* war eine neue Form der Anpassung entstanden, die sehr viel rascher als die langsam arbeitende natürliche Auslese wirkte. Mit der Fähigkeit, Erkenntnisse zu sammeln, entstand in der menschlichen Intelligenz eine neue Art der Daseinstauglichkeit, da sie dem Menschen gestattete, seine Umwelt zu verändern, statt einfach der Auslese durch die Umwelt ausgeliefert zu sein. Wenn die menschliche Art sich von den Tropen bis in die Polargebiete auf der Erde ausbreiten und den ganzen Erdball zu ihrem Zuhause machen konnte, dann verdankt sie das der Entwicklung ihrer Intelligenz, die mit jener phantastischen Evolution zusammenfiel, welche die menschliche Hand zum feinfühligsten aller Werkzeuge machte.

Der Entstehungsprozeß des menschlichen Geistes hat seine

biologische Grundlage in der explosionsartigen Entfaltung des menschlichen Gehirns, die wahrscheinlich unter dem Zwang der Auslese zu ständig sich steigernden Fertigkeiten zustande kam. Im Hinblick auf sein Gewicht, vor allem aber aufgrund seiner Komplexität ist das Gehirn des Menschen einzigartig. Vor einigen Millionen Jahren, mehr als hunderttausend Generationen zurück, und nachdem es über eine noch längere Periode relativ stabil geblieben war, begann das Gehirn des Hominoiden zuzunehmen, um mit einem Vierzigstel des Körpergewichts seinen heutigen erstaunlichen Umfang anzunehmen. Das Wachstum betraf hauptsächlich jene Teile des Gehirns, in denen die höheren kognitiven und koordinierenden Leistungen zustande kommen – den Kortex. Die Vorstellung, daß hier ein gerichteter Prozeß stattgefunden haben muß, erscheint unabweisbar. Biologisch ausgedrückt heißt das, daß zunächst durch gewisse Mutationen die Entwicklung eines leistungsfähigeren Gehirnsystems in Gang kam und daß dieses System sich sogleich als so bedeutsam für den Reproduktionserfolg erwies, daß jede neue Genkombination, die dieses System weiter vervollkommnete, stark begünstigt wurde. Man könnte beinahe sagen, daß im letzten Abschnitt der Evolution des Menschen zugunsten einer gesteigerten Leistung des Gehirns alles übrige praktisch vernachlässigt wurde. Der Mensch verlor das schützende Fell der Affen und ihre frühe Geschlechtsreife sowie zahlreiche andere Anpassungsmechanismen, die für niedere Säugetiere nützlich sind. Dafür gewann er das Gehirn und mit ihm die Sprach-, Sprech- und Denkfähigkeit und das Bewußtsein.

Die zentrale Bedeutung, die das Sprechen und die Sprache für die Entwicklung der Denkfähigkeit und für den Erfolg der menschlichen Art besitzen, läßt vermuten, daß die Evolution des Gehirns der affenähnlichen Vorfahren des Menschen bis zum menschlichen Gehirn weitgehend in einer ständigen Vervollkommnung der Sprachzentren bestanden haben muß, die in der linken Gehirnhälfte angesiedelt sind. Die Lage einiger dieser Zentren hat man an den Symptomen erkannt, die bei Menschen beobachtet wurden, welche durch einen Schlaganfall oder einen Unfall örtliche Hirnverletzungen davongetragen hatten. Je nachdem, an welcher Stelle diese Verletzungen eingetreten sind, führen sie zu verschiedenen Formen von Sprachstörungen, zu sogenannten Aphasien.

Daß eine Evolution, die auf die Vervollkommnung einer speziellen Fähigkeit wie der Sprachfähigkeit ausgerichtet ist, eine enorme Entwicklung des entsprechenden Bereichs im Gehirn hervorzurufen vermag, ist keine unbegründete Spekulation. Im Tierreich gibt es weitere Beispiele dafür. Elektrische Fische, die ihre Information über die Außenwelt ausschließlich der Wahrnehmung eines elektrischen Feldes verdanken, zeigen eine auffällige Erweiterung jener Gehirnteile, die sich mit dem Aussenden, Empfangen und Analysieren elektrischer Signale befassen. Weitere Beispiele ließen sich anführen. Es ist selbstverständlich nicht das »Ziel« der Evolution, eine bestimmte Funktion zu vervollkommnen; es ist vielmehr so, daß ihre Auswirkungen aufgrund eines einmal erreichten Leistungsniveaus in einer bestimmten Richtung kanalisiert werden. Der bestehende Mechanismus wirkt wie ein Verstärker für die Ergebnisse neu hinzukommender genetischer Komponenten, und zwar in der gleichen Weise, wie eine bestehende, leistungsfähige Wirtschaftsstruktur die Wirkung jedes zusätzlichen Kapitalbetrages steigert.

Das entwickelte symbolische Sprachvermögen – die Befähigung zur menschlichen Sprache – kann deshalb als die biologische Basis der menschlichen Kultur bezeichnet werden. An dieser Stelle entsteht jedoch die Frage, was denn die biologische Natur zur menschlichen Sprache beiträgt. Wenn manche Vögel ihren Gesang erlernen müssen, so gilt in noch stärkerem Maße für den Menschen, daß er ein Sprache lernendes Tier ist. Ohne die Gesellschaft anderer Menschen wird ein Kind von sich aus eine natürliche Sprache weder erlernen noch entwickeln. Es wird höchstens die Geräusche der Tiere, des Windes oder des Meeres nachahmen. Warum also glauben die Biologen, daß die Struktur der Sprache nicht in vollem Umfang aus Erfahrung erlernt wird, sondern mindestens teilweise in dem Netzwerk der Verknüpfungen im menschlichen Gehirn verankert ist?

Die moderne linguistische Forschung hat gezeigt, daß alle menschlichen Sprachen gemeinsame Grundmuster grammatikalischer Beziehungen aufweisen. Wenn die primitivsten Dialekte afrikanischer Stämme oder australischer Ureinwohner eine elementare formale Struktur mit dem Französischen oder dem Englischen gemeinsam haben, dann ist es ein naheliegender Schluß, daß sich in dieser Strukturübereinstimmung eine allen Menschen gemeinsame Organisation des Gehirns äußert. Im übrigen wird ein Kind, wenn es durch Kontakt mit anderen Menschen einige Elemente der Sprache kennengelernt hat, im Laufe seiner Entwicklung neue Kombinationen, neue Zusammenstellungen von funktionalen Bestandteilen der bestehenden Sprache »erfinden«. Es zeigt sich also, daß die Sprache, die jeder einzelne entwickelt, teilweise erlernt und teilweise Ausdruck der Struktur seines Gehirns ist und daß diese Sprache in der Verständigung mit anderen deshalb allgemein akzeptiert wird, weil die Sprachstruktur des Gehirns weitgehend bei allen Menschen übereinstimmt.

Die Sprache ist eine Ansammlung von verbalen Strukturen, welche Dinge und Beziehungen repräsentieren. Vom Gedanken der Doppelnatur der Sprache, die sich aus einer genetisch bestimmten, in der Struktur des Gehirns niedergelegten Komponente einerseits und aus einer erlernten, aus Erfahrung abgeleiteten Komponente andererseits zusammensetzt, ist es ein leichter Schritt zu einer umfassenderen Konzeption des menschlichen Geistes. Während die Menschen beim Denken und Sprechen die Welt außer ihnen und in ihnen in Begriffe fassen, analysiert der Geist diese Wahrnehmungen unter dem Gesichtspunkt bestimmter Merkmalsschemata. Lange haben die Philosophen – von Aristoteles über Descartes bis hin zu Immanuel Kant – in diesen analytischen Kategorien, den elementaren Strukturen der geistigen Analyse, eher etwas Vorgegebenes als etwas Erlerntes gesehen. Für den Biologen ist es ein durchaus einleuchtender Gedanke, daß sowohl für die Sprachstrukturen als auch für die logischen Strukturen im Netzwerk des Gehirns gewisse Verknüpfungsmuster existieren, die genetisch festgelegt sind und von der Evolution als wirksame Instrumente für die Auseinandersetzung mit den Ereignissen des Daseins ausgelesen worden sind. Wenn man die logischen Strukturen als sprachliche auffaßt, muß man die zerebrale Grundlage der Logik als integralen Bestandteil der Sprachstruktur betrachten. Die zunehmende Perfektion dieser zerebralen Strukturen muß wohl darauf beruht haben, daß sie in wachsendem Maße zum Reproduktionserfolg beitrugen. Für die Sprache hieß das, daß sie durch eine brauchbare Grammatik und Syntax zu einem besseren Instrument der Formulierung und Mitteilung von Sinn wurde. Was die logischen Strukturen allgemein betrifft, so muß die Auslese in Richtung eines effektiveren »Denkens« gegangen sein.

Um diese Darstellung der biologischen Komponente des Geistes zu präzisieren, müssen Struktur und Entwicklung des Nervensystems eingehender erörtert werden. Dieses System besteht aus Nervenzellen, von denen jeweils eine mehr oder weniger verzweigte Nervenfaser ausgeht. An den Fasern wandern Signale – eine Geschmacks- oder Schmerzempfindung oder ein Befehl, einen Finger zu bewegen – in Gestalt von Serien elektrischer Impulse entlang, die sich mit Hilfe feiner Elektroden feststellen lassen. Der Inhalt der übermittelten Information wird dargestellt durch die Häufigkeit und die Ausbreitung der Impulse in der Faser sowie durch die Zahl und die Identität der betroffenen Fasern. Damit ein Netzwerk, ein System entsteht, müssen die Nervenzellen miteinander in Kontakt treten; das geschieht dort, wo ein Zweig einer Nervenfaser am Körper einer anderen Nervenzelle endet. Die Kontaktstelle bezeichnet man als Synapse. Das an der Synapse übermittelte Signal kann die empfangende Zelle anregen, ihrerseits »Feuer« zu geben und ein Signal durch ihre eigene Faser an eine Reihe weiterer Empfängerzellen abzuschicken, oder – im Falle eines Hemmsignals – kann es die Empfängerzelle davon abhalten, in Reaktion auf Erregungssignale anderer Zellen Impulse loszuschicken.

Schon auf dieser elementaren Stufe wird deutlich, mit welcher hochgradigen Präzision ein solches System zu arbeiten vermag. Eine bestimmte Zelle kann so geschaltet sein, daß sie nur dann feuert, wenn sie von einer bestimmten Reihe von N-Zellen angeregt wird, vorausgesetzt, daß sie nicht von einer anderen Reihe von N-Zellen gehemmt wird. Die Richtigkeit dieser Darstellung ist hinreichend belegt durch Untersuchungen am Sehapparat der Wirbeltiere, der – am Beispiel der Katze – zu den am gründlichsten erforschten Systemen gehört. Wie schon erwähnt, gibt es eine Hierarchie an Stufen zwischen dem Auge und dem Gehirn. Auf allen Stufen werden die gesamten Eigenschaften des Lichtreizes analysiert, wobei dann die nächsthöhere Stufe immer mehr Einzelheiten erfährt – etwa über die Stärke des Kontrasts zwischen hellen und dunklen Bereichen auf der Retina des Auges, über die räumliche Beziehung zwischen helleren und dunkleren Bereichen und über die Verschiebung der Grenzen zwischen ihnen. Einige Zellen in der Großhirnrinde (dem Kortex), die mit der visuellen Wahrnehmung befaßt sind, empfangen und verarbeiten möglicherweise Informationen, die sich auf die Gesamtheit des Gesichtsfeldes beziehen, und überwachen sehr detailliert die gesamten Merkmale des visuellen Eindrucks; zusätzlich mögen sie Informationen von anderen Teilen des Gehirns empfangen, in denen andere Sinneseindrücke verarbeitet werden. Möglicherweise senden solche allwissende Zellen – sofern es sie tatsächlich gibt – Signale an alle Teile des Gehirns, die sich mit einer entsprechenden aktiven Reaktion, mit der Speicherung der Erinnerung an den visuellen Eindruck oder mit der Integration der visuellen Erfahrung mit anderen Sinneseindrücken befassen.

Wenn wir von der biologischen Grundlage des menschlichen Geistes sprechen, so ist die entscheidende Frage, inwieweit das Netzwerk des Gehirns, demgegenüber der höchstentwickelte Computer nichts als ein Kinderspielzeug ist, von der Vererbung diktiert wird. Daß die Vererbung bei der Ausbildung des Netzwerkes eine Rolle spielt, geht schon daraus hervor, daß die Gesamtstruktur des Gehirns bei allen normalen Individuen übereinstimmt, daß die verschiedenen Organe stets von den gleichen Nerven innerviert werden und daß das Grundmuster des Nervensystems lange vor der Geburt entwickelt ist. Die Rolle der Vererbung wurde durch Experimente hinreichend bestätigt. Nerven, die man von ihren Erfolgsorganen abgetrennt hat, regenerieren sich und erreichen wieder die gleichen Organe, um mehr oder weniger präzise die ursprünglichen Verbindungen und die ursprüngliche Funktion wieder aufzubauen. Was für ein Reiz das ist, der bewirkt, daß eine bestimmte Nervenfaser nur von einem bestimmten Organ und sogar von einer bestimmten Zelle innerhalb eines Organs angezogen wird, darüber weiß man nichts. Vielleicht besitzen die einzelnen Stellen im Körper ein besonderes, erkennbares chemisches Gefüge, aber ob dieses Gefüge in einem Konzentrationsunterschied einer oder mehrerer chemischer Substanzen besteht und auf welche Weise ein solcher chemischer Gradient erkannt werden kann, muß noch durch die künftige Forschung geklärt werden.

Wenn das periphere Nervennetzwerk überwiegend genetisch bestimmt ist, so ist es das zentrale Netzwerk innerhalb des Gehirns mit Sicherheit. Vor der Geburt und lange bevor äußere Reize aufgenommen werden können, sind die meisten Verknüpfungen schon entwickelt. Es ist denkbar, daß zu den angeborenen Verknüpfungsmustern die der Sprachstruktur und der Struktur des logischen Denkens zugrunde liegenden Netzwerke ebenso gehören wie das Netzwerk, das der Analyse visueller und akustischer Eindrücke zugrunde liegt. Wenn in der Struktur des menschlichen Gehirns die grundlegenden Netzwerke für die Sprache und für das logische Denken bereits festgelegt sind, so heißt das allerdings nicht, daß das Gehirn in verschlüsselter Form die englische oder irgendeine andere »natürliche« Sprache enthält. Auch die Fähigkeit, das Schachspiel zu erlernen, bedeutet nicht, daß die Spielregeln schon im Nervensystem vorhanden sind. Was im Gehirn vorhanden ist, das ist eine Reihe von miteinander verbundenen Systemen von Verknüpfungen, die durch die Erfahrung programmiert werden können, wobei das eine System zu einem Instrument der gesprochenen oder der geschriebenen Sprache, ein anderes zu einem Instrument der mathematischen Logik, der Erfassung des Schachspiels usw. wird.

Welche Rolle spielt nun die Erfahrung im Lernprozeß? Was

wird zu dem angeborenen Netzwerk des sprachlichen oder des logischen Vermögens hinzufügt, wenn man Englisch oder Suaheli, Schachspielen oder Rechnen lernt? Allgemeiner gefragt: Besteht das Lernen darin, daß zwischen Nervenfasern und Zellen, die zuvor nicht miteinander in Kontakt standen, neue Synapsen errichtet werden; oder besteht das Lernen in einer Erleichterung des Übergangs von Impulsen auf bereits existierenden Synapsen; oder beruht es auf der Blockierung von hemmenden Verknüpfungen? Trotz aller Fortschritte in der Erforschung der Hirnleistung sind diese entscheidenden Fragen noch immer unbeantwortet, und wahrscheinlich wird man auch die Antwort erst finden, wenn die Erforschung der einfachsten nur denkbaren Netzwerke abgeschlossen ist, solcher, die sich zwischen den Nervenzellen einer experimentellen Züchtung entwickeln.

Ein wesentliches Element des Lernens ist das Gedächtnis – die Fähigkeit, durch frühere Erfahrung aufgebaute Assoziationen in Gedanken nachzuvollziehen. Ein solcher Nachvollzug muß nicht unbedingt bewußt erfolgen. In den klassischen Experimenten über den bedingten Reflex wurde einem Hund gleichzeitig ein natürlicher Reiz (Futter) und ein neutraler Reiz (ein Geräusch) geboten, und es entstand eine Verknüpfung zwischen dem Geräusch und der Speichelsekretion, so daß später das Geräusch allein den Speichelfluß auslöste. Wenn man sich bewußt etwas in Erinnerung ruft, verfolgt man mehr oder weniger genau den komplizierten Gang der Assoziationen, falls man rational vorgehen will. Das Denken muß in der Lage sein, die für die jeweilige Absicht benötigten Assoziationsreihen herauszusuchen und Seitenwege, die in die Irre führen könnten, abzublocken. Der zielbewußte Denkvorgang enthält also ein Element des Willens, während beim Träumen und beim Tagträumen der Gang der Gedanken ziellos und passiv ist. Aber auch das Traumdenken weist eine gewisse Regelmäßigkeit auf, die vermutlich darauf beruht, daß die nacheinander in Tätigkeit versetzten Zellen Bahnungen im zerebralen Netzwerk darstellen, die durch Denktätigkeit im Wachzustand geschaffen wurden. Andererseits ist auch beim konzentriertesten aktiven Denkprozeß die Trennschärfe der Hauptlinie des Gedankens nie hundertprozentig; wie wirksam die Kontrollsysteme auch sein mögen – während des zielgerichteten Denkvorgangs bleibt man sich doch immer bewußt, wie viele Seitenwege der Gedankengang berührt. Gerade aufgrund der Vielfalt der möglichen Abzweigungen sind ja die Denkprozesse so reich an Implikationen, deshalb sind sie schöpferisch; der Zauber der Dichtkunst liegt in ihrem Anspielungsreichtum, der die verborgenen Zusammenhänge der Sprache abklopft und die Vielschichtigkeit der Erfahrung wieder herstellt und nachbildet.

Die Sprache hat dem Menschen die Kultur gegeben, und die Kultur unterlag einer Evolution. Es wurde schon darauf eingegangen, wie die kulturelle Evolution sich der biologischen Evolution überlagerte. Die biologische Evolution ist blind und darwinistisch, denn sie besteht ausschließlich in der Auslese genetischer Strukturen durch unterschiedlichen Fortpflanzungserfolg. Die kulturelle Evolution beruht auf der Überlieferung von Wissen, das aus Erfahrung gewonnen wurde; deshalb verläuft die kulturelle Evolution so außerordentlich schnell. Sie erhöht die Tauglichkeit des Menschen für seine Umwelt nicht durch eine Veränderung der genetischen Ausstattung der Menschheit, sondern indem sie die Umwelt verändert und tauglicher für den Menschen macht. Darüber hinaus wirkt die menschliche Kultur stark auf das genetische Schicksal anderer Arten ein, entweder durch rücksichtslose Ausrottung oder durch zielgerichtete Domestikation.

Trotz all seiner kulturellen Errungenschaften kann sich der Mensch jedoch den Wirkungen der biologischen Evolution nicht entziehen; er kann sie nur abmildern. Sollten etwa – aus welchen Gründen auch immer: aufgrund von Epidemien und Hungersnöten, irgendwelchen Mangelsituationen, verschmutzten oder übervölkerten Umwelten – Bedingungen entstehen, die für das menschliche Leben nicht optimal sind, dann wird stets die Auslese bestimmter menschlicher Genotypen und damit auch bestimmter menschlicher Gene wieder stattfinden. Wie bei allen anderen Organismen kommt es auch beim Menschen weiterhin zu Mutationen, die neue Gefahren und neue Chancen mit sich bringen. Der Mensch entgeht der biologischen Auslese nur insofern, als er lernt, die Konsequenzen von Umweltbelastungen und genetischen Defekten zu reparieren oder zu verhindern. Ob er fähig ist, den unausweichlichen Belastungen zu widerstehen, hängt nicht nur von seinen kulturbedingten Fertigkeiten ab, sondern auch davon, ob die genetische Ausstattung der gesamten Art eine hinreichend große genetische Variabilität enthält, um sich an verschiedene äußere Bedingungen in dem nötigen Umfang anpassen zu können.

Im gesellschaftlichen Maßstab schafft das auf Sprache beruhende Bewußtsein die Kultur und deren Evolution. Beim einzelnen ruft das Bewußtsein Verhaltensmerkmale hervor, durch die der Mensch sich von anderen Tieren unterscheidet. Betrachten wir zum Beispiel das Paarungsverhalten von paarbildenden Vögeln, etwa von Tauben. Wir beobachten eine merkwürdige Abfolge von Ereignissen: Der Werbung mit ihren hochentwickelten Zeremonien folgen die Paarung, der Nestbau, das Eierlegen und die verschiedenen Brutpflegetätigkeiten, und das ganze bietet dem Beobachter den Anschein einer Mischung von Liebesromanze und Häuslichkeit. Trotz des äußeren Scheins zeigt jedoch die experimentelle Untersuchung dieser Handlungsketten, daß die ganze Abfolge durch eine Reihe hormonaler Reaktionen auf visuelle Reize in Gang gesetzt wird; in jeder einzelnen Phase der geschlechtlichen Beziehung löst der Vollzug die Freisetzung des Hormons aus, das den folgenden Schritt hervorruft. Die bezaubernde Romanze ist vollkommen stereotyp und in der genetischen Ausstattung der Art festgelegt.

Der Mensch weiß jedoch dank seinem Bewußtsein, daß er eine Entscheidung treffen kann. In seinen geschlechtlichen Beziehungen wie auch bei allen sonstigen Aktivitäten trifft der Mensch, von der frühen Kindheit abgesehen, immer eine Wahl; ja, er ist gezwungen, eine Wahl zu treffen, weil er sich sogar dann der Alternativen bewußt ist, wenn sie nicht augenscheinlich gegeben sind. Das menschliche Verhalten ist ein bewußtes Verhalten, und das erhebt den Menschen über die anderen Tiere. Jeder Mensch ist, wie der britische Philosoph Jacob Bronowski in dem Buch ›The Identity of Man‹ (1965) festgestellt hat, ein »Selbst« nicht nur aufgrund seiner biochemischen Individualitätsmerkmale, sondern auch deshalb, weil er einzigartige, unwiederholbare Erfahrungen in sich bewahrt und dadurch eine Reihe einzigartiger, unwiederholbarer Entscheidungsmöglichkeiten besitzt. Selbst eineiige Zwillinge, die doch im biologischen Sinne identisch oder beinahe identisch sind, haben aufgrund ihres Bewußtseins und ihrer individuellen Erfahrung ein verschiedenes »Selbst«. Die begriffliche Erkenntnis schafft also das Bewußtsein, das in der menschlichen Gemeinschaft die Kultur entstehen läßt und beim menschlichen Individuum neben der Einmaligkeit der Genkombinationen eine Einmaligkeit anderer Art bewirkt. An die Stelle der Reflexhandlungen und der automatischen Verhaltensweisen anderer Tiere treten beim Menschen die bewußte Entscheidung und die bewußte Selbstbeherrschung. Gewiß ist auch das menschliche Verhalten teilweise von automatischen Abläufen bestimmt; das gilt nicht nur für das Funktionieren der inneren Organe, sondern auch für die Reaktion auf bestimmte Situationen, die unmittelbar Angst- oder Aggressionsgefühle wecken; im großen und ganzen aber unterliegt das Verhalten sozialisierter menschlicher Wesen der Kontrolle des Bewußtseins.

Bedeutet das auch, daß ein bewußtes Verhalten ein freies Verhalten ist? Impliziert das Bewußtsein der Wahlmöglichkeit zugleich die Freiheit der Wahl zwischen vorhandenen Alternativen, oder ist die Wahlfreiheit eine Illusion, und ist das Handeln des einzelnen starr determiniert durch seine früheren Erfahrungen und durch die biologische Struktur des Nervensystems? Die Biologie gibt keine Antwort auf diese zentrale Frage der Philosophie. In der Biologie ist jedoch auch nichts bekannt, was mit der Idee des freien Willens unvereinbar wäre, wenn man diesen als die Möglichkeit auffaßt, das eigene Handeln dadurch zu bestimmen, daß man von mehreren, in einer bestimmten Situation gegebenen Handlungsmöglichkeiten eine auswählt. Es muß im Gehirn Nervenbahnen geben, die in Reaktion auf die Vorstellung der möglichen Konsequenzen alternativer Entscheidungen durch die Erregung und Hemmung entsprechender Nervenzellen die Durchführung einer bestimmten Handlungsfolge diktieren.

Das Problem ist damit jedoch nicht gelöst, sondern nur hinausgeschoben. Möglicherweise erlaubt die Struktur des Gehirns, daß der einzelne Mensch bewußt im Lichte einer rationalen Erwartung bestimmter Konsequenzen handelt. Aber wie wird entschieden, welches die wünschenswerten Konsequenzen sind? Mit anderen Worten, welche Bedeutung hat das Gehirn für das Wertsystem? Besteht die Ethik in mechanischen Entscheidungsregeln, die durch Vererbung und Er-

fahrung im Gehirn festgelegt sind und welche die Entscheidungen trotz einer Illusion von Freiheit in vorherbestimmte
Wege lenken? Oder ist die Ethik Ausdruck einer geistigen Leistung, die den Menschen, bevor er handelt, im Netzwerk seines Gehirns das Spektrum seiner Wünsche, Hoffnungen,
Ängste, Versagungen und sonstigen Empfindungen und Glaubensvorstellungen erkunden läßt, welche aus der totalen
Selbsterfahrung erwachsen? Wenn ja, dann könnte in der Tat
jede Handlung frei sein – zumindest im Rahmen der Wahlmöglichkeiten, die das Netzwerk des Gehirns zuläßt. Tatsächlich könnte dann mit jeder Handlung ein neuer Weg innerhalb
des Netzwerks entstehen, könnten neue ethische Entscheidungsmöglichkeiten geschaffen werden. In dieser Sicht verpflichtet ein freies Handeln den Menschen nicht – wie beim
Konditionierungsversuch – zu künftiger Wiederholung, sondern erweitert die in der Zukunft möglichen Entscheidungen,
die nicht mehr nur auf einer Wiederholung basieren, sondern
den Vergleich und die Verknüpfung der bisherigen Handlun-
gen mit einschließen. Die unbedingte Tat des existentialisti-
schen Helden – der Mord, der Selbstmord oder die Flucht –
ist nicht nötig, um die eigene Freiheit zu behaupten. Die Freiheit wird behauptet in der mit Bewußtsein ausgeführten Tätigkeit, denn dadurch wächst das Selbst.

Ich nähere mich hier dem entscheidenden Dilemma der
Wissenschaft vom Leben. Das Wesen der Biologie ist die Evolution, das Wesen der Evolution aber ist die Abwesenheit von
Motiv und Zweck. Der Formulierung von Monod zufolge sind
Zufall und Notwendigkeit die beiden Aspekte des biologischen Fortschritts; zufällig sind die Fehler im genetischen Material und zufällig die Veränderungen der Umweltbedingungen; Notwendigkeit aber kennzeichnet die strengen Maßstä-
be, an denen das Verhalten der Organismen in ihrer Umwelt

gemessen wird. Nun kommen aber mit dem Menschen Motiv und Zweck auf die Szene, und wenn ich mich der von Bronowski hervorgehobenen Auffassung anschließen darf, sind Motiv und Zweck, also Werte und Willen, unvermeidliche Äußerungen des menschlichen Gehirns. Ihr jeweiliger Inhalt ist ein Ergebnis der Erfahrung, so wie auch die Sprachen, welche die Menschen benützen, Ergebnis ihrer Erfahrung sind. Die Werte, der Wille und die Sprache finden jedoch ihre Schranke in der Struktur des menschlichen Gehirns. Mit der Entwicklung dieses wunderbaren Organs hat die Evolution ihre bisherige Geschichte dialektisch überwunden und verneint. Die biologische Evolution des menschlichen Gehirns geht wahrscheinlich immer noch weiter. Es ist aber fraglich, ob die Auswirkungen einer weitergehenden biologischen Evolution des Gehirns im Schatten der fortgesetzten Evolution der menschlichen Kultur erkennbar sein werden. Die biologische Auslese – betreffe sie die Leistung des Gehirns oder andere genetische Merkmale – wird nur in dem Falle wieder in den Vordergrund der menschlichen Geschichte treten, wenn durch eine ungeheure Fehlentwicklung der menschlichen Kultur mit einer maßlosen Überbevölkerung, einer unerträglichen Umweltverschmutzung oder einer Hungersnot extreme Belastungssituationen entstehen sollten.

Kehren wir zu der Frage der Werte zurück. Ich habe gesagt, daß die Entscheidungen, welche die Menschen treffen, die Werte, welche sie in ihrem Handeln bejahen, zum Teil vielleicht auf das Netzwerk der Verknüpfungen im Gehirn zurückzuführen seien, ob diese nun ererbt oder erlernt sind. Soll das heißen, daß Wertsysteme mindestens teilweise biologisch determiniert sind? Meine Antwort lautet ja. In den Tausenden von Generationen, während deren die Evolution des Menschen die Gehirnstrukturen der Sprache, des Bewußtseins und der Vorstellungskraft als die biologischen Grundlagen der geistigen Tätigkeit formte, formte sie auch die Struktur der menschlichen Gesellschaft auf der Grundlage der Sprache, der verbalen Kommunikation und der begrifflichen Abstraktion. Ganz sicher ist die Struktur der menschlichen Gesellschaft in einigen grundlegenden Zügen von biologischem Erbe diktiert, so wie auch – wenn auch in sehr viel stärkerem Maße – die Struktur der Tiergesellschaften in ihrer genetischen Ausstattung verankert ist. Die Werte stellen einen Rahmen dar, innerhalb dessen zwischen alternativen Möglichkeiten gewählt werden kann. Wenn es stimmt, daß die erkennbaren Wahlmöglichkeiten durch die Struktur der nervösen Verknüpfungen beschränkt sind, mit deren Hilfe der Geist sie sich vorstellt, dann müssen auch die Werte als Kriterien der Entscheidung zwischen den Möglichkeiten zum Teil durch die Struktur der Verknüpfungen begrenzt sein, mit deren Hilfe die potentiellen Folgen des Handelns gedeutet werden.

Wenn einerseits behauptet wird, es gäbe einen freien Willen, d. h. die Fähigkeit, bewußt eine Wahl zwischen alternativen Handlungsverläufen zu treffen, die durch eine biologisch begrenzte Reihe von Verknüpfungen im Geiste vorgestellt werden, und wenn andererseits behauptet wird, die der Wahl zugrunde liegenden Werte seien selbst durch die biologischen Eigenschaften des zerebralen Netzwerks eingeschränkt, so besteht zwischen diesen Behauptungen kein Widerspruch. Die Bewußtseinstätigkeit der Menschen ist in allen Aspekten vom unaufhebbaren Dualismus des Geistes geprägt, der einerseits von der biologischen Evolution geschaffen wurde und andererseits bei jedem einzelnen durch Lernen, Erfahrung und gesellschaftlichen Umgang vervollkommnet wird.

Wie die meisten Menschen in ihrer eigenen Lebenserfahrung schmerzhaft erkennen müssen, bürdet der Dualismus des Geistes den Menschen und allein ihnen unter allen Lebewesen eine beinahe unerträgliche Last auf – das Bewußtsein der eigenen Vergänglichkeit, das Wissen vom unausweichlichen Tod, das, was existentialistische Philosophen als das »Absurde« des menschlichen Lebens bezeichnet haben. Die Mehrheit der Menschen aber verzweifelt nicht und stürzt sich nicht in den Selbstmord, um der qualvollen Absurdität des Daseins zu entrinnen. Mit den Worten, die Voltaire im ›Candide‹ (1759) einer alten, immer wieder geschändeten und verstümmelten Frau in den Mund legte: »Je voulais cent fois me tuer, mais j'aimais encore la vie« (Hundertmal wollte ich mich töten, doch ich habe das Leben noch geliebt).

Hier, glaube ich, haben die Menschen recht, wenn sie vermuten, daß die blinde Evolution ein weiteres Mal mit äußerster Weisheit tätig gewesen ist. Wohl hat sie dem Menschen ein Bewußtsein gegeben und ihn dadurch den größten Qualen ausgesetzt, doch hat sie vielleicht durch natürliche Auslese den menschlichen Geist auch mit gewissen schützenden Kompensationsmechanismen versehen. Vielleicht hat die menschliche Evolution dem Gehirn des Menschen ein unauslöschliches Programm eingeprägt, das ihm die tiefsten Quellen des Optimismus erschließt – die Kunst, die Freude und die Hoffnung, das Vertrauen auf die Fähigkeiten des Geistes, die Anteilnahme an seinen Mitmenschen und den Stolz darauf, daß er an dem einzigartigen Abenteuer teilhat, ein Mensch zu sein.

Glossar

Adapter-RNA (auch: Transfer-RNA)   RNA-Moleküle, deren Aufgabe es ist, die Aminosäuren auf ihren Platz innerhalb der Proteine zu bringen (siehe Ribonukleinsäure).

Adenosintriphosphat (ATP)   Die Energiewährung aller Zellen. Das ATP gibt einige seiner Atome an andere Substanzen ab, denen dadurch die Teilnahme an chemischen Reaktionen ermöglicht wird.

Aminosäure   Eine Substanz, die zusammen mit anderen Aminosäuren die polymeren Ketten der Proteine bildet.

Anticodon   Eine Gruppe von drei Nukleotiden auf der Adapter-RNA, die sich mit dem entsprechenden Codon auf der Boten-RNA paart und die an der Adapter-RNA haftende Aminosäure an die für sie bestimmte Stelle in der sich bildenden Proteinkette dirigiert.

Antigen   Jede fremde Substanz, welche im Organismus die Bildung eines spezifischen Antikörpers anzuregen vermag.

Antikörper   Ein Protein des Blutserums, das in Reaktion auf das Vorhandensein einer bestimmten Fremdsubstanz (Antigen) gebildet wird und sich spezifisch mit dieser Substanz verbindet.

Art (Spezies)   Die Gesamtheit aller ähnlichen, aber nicht miteinander identischen Organismen, die eine potentiell inzüchtende Population bilden.

Boten-RNA (Messenger-RNA)   RNA-Moleküle, die von der DNA der Gene transkribiert werden und als Boten der DNA die Synthese der Proteine steuern.

Chloroplast Das Gebilde innerhalb der Pflanzenzelle, das die chemische Apparatur für die Photosynthese enthält.

Chromosomen Fadenförmige Gebilde im Zellkern, die das genetische Material enthalten.

Cloning Das Isolieren reiner Zell-Linien aus einer einzelnen Zelle; darüber hinaus jener Prozeß, bei dem einem Individuum entnommene Zellkerne in verschiedene Eizellen eingepflanzt werden und aus dem eine Reihe von identischen Organismen hervorgeht.

Codon Eine Gruppe von drei Nukleotiden – ein »Triplett« –, das in der RNA bzw. der DNA eine bestimmte Aminosäure repräsentiert (siehe Ribonukleinsäure; Desoxyribonukleinsäure).

Desoxyribonukleinsäure (DNA) Die makromolekulare Substanz, aus der alle Gene (von einigen Viren abgesehen) bestehen; ein Polymer von Nukleotiden.

diploid Diploid ist ein Organismus bzw. eine Zelle, die zwei Chromosomensätze und damit zwei Sätze von Genen besitzt (Keimzellen besitzen nur einen Gensatz).

dominant Dominant ist die Variante eines Gens, die, wenn sie mit einer anderen Variante des gleichen Gens zusammentrifft, deren Wirksamkeit überdeckt (siehe rezessiv).

Entropiegesetz Der Zweite Hauptsatz der Thermodynamik, demzufolge in einem geschlossenen System spontan nur solche Veränderungen (etwa chemische Reaktionen oder Wärmeaustausch) eintreten können, welche die Entropie, d. h. die Unordnung des Systems, erhöhen.

Enzyme Aus Proteinen bestehende Katalysatoren, die bestimmte Reaktionen in der lebenden Zelle beeinflussen.

Eugenik Die Verbesserung der Erbanlagen von Organismen; gebräuchlich besonders im Hinblick auf den Menschen.

Euphänik Die Verbesserung des Gesundheitszustandes durch eine Korrektur der Folgen genetischer Defekte.

Gärung (Fermentation) Eine enzymatische Umwandlung organischer Stoffe, die Energie in verwertbarer Form liefert.

Gen Eine Einheit der genetischen Substanz (in der Regel DNA), welche die Struktur einer Proteinkette determiniert; auch eine genetische Einheit, durch deren Mutation ein erkennbares Merkmal des Organismus sich verändert.

Genetischer Code Die Regeln der Entsprechung zwischen den Codons der Nukleinsäuren und den Aminosäuren der Proteine.

Genetische Drift Eine Veränderung in der Häufigkeit bestimmter Gene, die zufallsbedingt in sehr kleinen (isolierten) Populationen einer Art entsteht.

Genotypus Die Gesamtheit der Gene eines Organismus.

Genpool Der gesamte Bestand der bei den Individuen einer potentiell oder tatsächlich inzüchtenden Population vorhandenen Gene; in der Regel ist der Genpool einer Art gemeint.

Hämoglobin Das rote Protein der roten Blutkörperchen, das aus vier Ketten von Aminosäuren besteht, von denen je zwei miteinander identisch sind.

Keimzellen Die bei geschlechtlicher Fortpflanzung miteinander verschmelzenden Zellen, aus denen ein neuer Organismus entsteht; gewöhnlich als Spermazellen und Eizellen bezeichnet.

Konvergenz Der Prozeß, bei dem in nicht verwandten Gruppen von Organismen durch unterschiedliche genetische Mechanismen ähnliche Organe ausgebildet werden.

Makromolekül Ein organisches Molekül mit einem Molekulargewicht über 1000 oder 2000; gewöhnlich ein polymeres Molekül.

Matrize Eine Form, die als Muster für die Herstellung einer anderen Form dient. Im biologischen Sinne ein polymeres Molekül, bei dem die Sequenz (Abfolge) der Monomere die Herstellung einer anderen Sequenz steuert; molekulare Matrizen sind etwa die DNA und die RNA.

Meiose Die Herstellung der Keimzellen in den Geschlechtsorganen, bei der jede Keimzelle nur einen Chromosomensatz erhält.

Mikroröhren Elektronenmikroskopisch erkennbare röhrenförmige Proteingebilde, die bei vielen zellulären Vorgängen eine Rolle spielen.

Mitochondrion Ein Gebilde in Sauerstoff verbrauchenden Zellen, das aus einer Vielzahl von Nährstoffen ATP erzeugt.

Mitose Die Zellteilung; insbesondere der Mechanismus, der die Chromosomen einer Zelle gleichmäßig auf ihre Tochterzellen aufteilt.

Monomere Die Grundeinheiten polymerer Moleküle.

Mutation   Jede Veränderung des Erbmaterials; im engeren Sinne jede Veränderung in der Struktur eines Gens.

Nukleinsäure   Eine polymere Substanz, die aus Nukleotidketten besteht, in denen die benachbarten Nukleotide durch Bindungen zwischen den Zucker- und den Phosphatgruppen zusammengehalten werden.

Nukleotid   Eine aus drei Stoffgruppen bestehende Substanz: aus den vier Nukleinsäure-Basen Adenin, Guanin, Cytosin und (bei der DNA) Thymin bzw. (bei der RNA) Uracil; aus einem Zucker – Ribose bei der RNA, Desoxyribose bei der DNA; und aus einer Phosphatgruppe.

Phänotyp   Die Summe der von Genen bestimmten Merkmale eines einzelnen Organismus.

Phospholipoide   Substanzen, die den Kern der zellulären Membranen bilden und deren Moleküle an einer Seite eine Affinität zu Wasser haben und an der anderen Seite wasserunlöslich sind.

Photosynthese   Der Vorgang, in dem Pflanzen und gewisse Bakterien unter Verwendung der Energie des Sonnenlichts aus Kohlendioxid organische Materie bilden.

Polymer   Ein Kettenmolekül, gebildet aus kleineren Molekülen (Monomeren) in einer spezifischen Anordnung und Verkettung.

präbiotisch   Was vor dem Erscheinen des Lebens auf der Erde existierte.

Proteine   Polymere aus Aminosäuren, die etwa 50 Prozent der nichtwäßrigen Substanz aller Zellen ausmachen; die Enzyme und viele andere Zellbestandteile sind Proteine.

Repressor   Ein Protein, das sich vorübergehend einem Gen anlagert und dadurch dessen Wirksamwerden verhindert.

rezessiv   Rezessiv ist die Variante eines Gens, deren Wirksamkeit überdeckt wird, wenn sie mit einer anderen Variante des gleichen Gens zusammentrifft (siehe dominant).

Ribonukleinsäure (RNA)   Eine als Transkript aus der DNA der Gene gebildete Nukleinsäure, deren Hauptfunktion die Steuerung der Proteinsynthese ist; im übrigen bildet die RNA bei bestimmten Viren die Erbsubstanz.

Stoffwechsel (Metabolismus)   Die Gesamtheit der chemischen Umwandlungen, bei denen aus Nahrungsstoffen die Bausteine der zellulären Makromoleküle gewonnen und andere Stoffe abgebaut und beseitigt werden.

Teleonomie Die scheinbare Zweckrichtigkeit aller biologischen Anpassungserscheinungen, die aber tatsächlich auf der Wirkung der natürlichen Auslese beruhen.

Transkription Die Umsetzung (eigentlich »Umschreibung«) der Nukleotid-Sequenz der DNA in diejenige der RNA; im umgekehrten Sinne verläuft der Vorgang sehr selten.

Translation Im biologischen Sinne jener Übersetzungsvorgang, bei dem die RNA als Matrize die Anordnung der Aminosäuren in einem Protein dirigiert.

Virus Ein Organismus, dessen Erbsubstanz von einer Proteinkapsel eingehüllt ist und nur aktiv werden und sich vermehren kann, wenn er in eine lebende Wirtszelle eindringt; ruft bei dem Wirtsorganismus meist eine Krankheit hervor.

Wasserstoffbindung Eine sehr schwache Bindung, bei der ein Wasserstoffatom als Brücke zwischen zwei anderen Atomen dient ($O-H \ldots O$; $N-H \ldots O$); sie bestimmt weitgehend die Struktur von Proteinen und Nukleinsäuren.

Weiterführende
Literatur

Cairns, John, Stent, Gunther S., und Watson, James D. (Hrsg.): *Phage and the Origins of Melecular Biology*, Cold Spring Harbor (Cold Spring Harbor Laboratory), New York 1966. Diese Sammlung von Originalbeiträgen, die Max Delbrück zu Ehren verfaßt wurden, bringt aufschlußreiche Darstellungen des historischen Ablaufs zahlreicher wichtiger Entdeckungen in der Molekularbiologie.

Dobzhansky, Theodosius: *Mankind Evolving*, New York (Bantam Books) 1970 (deutsch unter dem Titel: *Vererbung und Menschenbild*, Frankfurt/Main [S. Fischer] 1966). Ein großer Genetiker interpretiert den Menschen als eine einzigartige Tierart. George Gaylord Simpson: »Die interessanteste wissenschaftliche Abhandlung, die jemals über die Natur des Menschen verfaßt wurde.«

Dubos, René: *So Human an Animal*, New York (Charles Scribner's Sons) 1968. Eine geistvolle Erörterung der Wechselwirkungen zwischen den biologischen und den geistigen Aspekten der menschlichen Natur auf einer soliden Grundlage moderner biologischer Erkenntnisse.

Katz, Bernard: *Nerve, Muscle, and Synapse*, New York (McGraw-Hill) 1966. Eine kurze, klare und relativ einfache Darstellung von Strukturen und Funktionen der Nerven und des Gehirns.

Lehninger, Albert, *Biochemistry*, New York (Worth) 1970. Unzweifelhaft das beste Lehrbuch über dieses Fach; für jene, die ernsthaft die Grundlagen der Biologie studieren wollen. Keine leichte

Lektüre, aber hervorragend geschrieben, kristallklar und beinahe frei von Fehlern. Für fortgeschrittene College-Studenten.

Lerner, Michael: *Heredity, Evolution, and Society,* San Francisco (Freeman) 1968. Ein ausgezeichnetes Lehrbuch, das einen leichten Zugang zur Genetik schafft, indem es ständig auf eine intelligente Weise den Bezug zu den menschlichen Dingen herstellt. Für College-Anfänger geeignet.

Monod, Jacques: *Zufall und Notwendigkeit,* (deutsche Ausgabe) München (Piper) 1971. Der umstrittene Essay eines der größten Kenner im Bereich der Molekularbiologie über die Naturphilosophie der modernen Biologie. Von einem Überblick über den Aufbau der Biologie gelangt der Verfasser zur Verkündigung einer existentiellen Ethik der Erkenntnis.

Watson, James D.: *The Double Helix,* New York (Atheneum) 1968. (Deutsch unter dem Titel: *Die Doppel-Helix. Ein persönlicher Bericht über die Entdeckung der DNS-Struktur,* Reinbek [Rowohlt] 1971.) Die kontroverse Geschichte der Entdeckung der Struktur der DNA und zugleich ein erfrischend aufrichtiger persönlicher Bericht.

Ders.: *Molecular Biology of the Gene,* New York (Benjamin) 2. Aufl. 1970. Ein junger »Klassiker«; eine hervorragende Darstellung nicht nur der grundlegenden Erkenntnisse der Molekularbiologie, sondern auch ihrer Anwendung auf die Probleme des Krebses, der Immunität und der Entwicklung. Setzt ein fortgeschrittenes Fachstudium voraus.

Register

Konrad Lorenz

Die Rückseite des Spiegels

Versuch einer Naturgeschichte menschlichen Erkennens.
3. Aufl., 100. Tsd. 353 Seiten. Leinen

»Dieses Buch von Konrad Lorenz ist ein großer Schritt nach
vorn. Lorenz versucht eine Erkenntnistheorie auf naturwissenschaftlicher
Grundlage zu geben. Dieses Buch geht noch weiter: es geht über
den einzelnen erkennenden Menschen hinaus, es versucht Erkenntnis,
als kollektiven gesellschaftlich-kulturellen Begriff zu begreifen.«
Süddeutscher Rundfunk

Die acht Todsünden der zivilisierten Menschheit

7. Aufl., 252 Tsd. SP 50. 112 Seiten

»... wer noch irgend aufmerksam ist für Bücher, die in der Zeit
wichtig sind, wird an dieser Schrift nicht vorüber gehen. Ein populäres,
aber keineswegs einfaches Buch ...«
Der Tagesspiegel

Über tierisches und menschliches Verhalten

Aus dem Werdegang der Verhaltenslehre. Gesammelte Abhandlungen.
piper paperback. Band I: 16. Aufl., 135. Tsd. 412 Seiten mit 5 Abb.
Band II: 10. Aufl., 96. Tsd. 398 Seiten mit 63 Abb.

»Das Buch geht jeden an, der über das Wesen von Mensch und Tier,
Körper und Seele nachdenken will: Empfohlen sei es all
denen, die bereit sind einige Arbeit zur tieferen Erkenntnis psychischer
Zusammenhänge aufzuwenden.«
Die Zeit

Jacques Monod

Zufall und Notwendigkeit

Philosophische Fragen der modernen Biologie.
Vorrede zur deutschen Ausgabe von Manfred Eigen.
Aus dem Französischen von Friedrich Griese. 5. Auflage,
71. Tsd. XVI, 238 Seiten. Leinen

Jacques Monod:
». . . es gibt keinen Plan, keine natürliche
Moral, keine natürliche Ethik, kein
Gesetz der Natur, dem wir
zu gehorchen hätten.«

»Monod ist der erste, der aus den jüngsten revolutionären
Erkenntnissen der Biologie, der Entschlüsselung des
genetischen Codes philosophische Schlußfolgerungen
zieht und eine neue Theorie über die Entstehung
der Erde und über die Entstehung der Menschen vorlegt.«
Die Welt

Werner Heisenberg

Der Teil und das Ganze

Gespräche im Umkreis der Atomphysik.
4. Aufl., 50. Tsd. 334 Seiten und Frontispiz. Leinen

»Die moderne Atomphysik hat grundlegende
philosophische und politische Probleme neu zur
Diskussion gestellt, und an dieser Diskussion sollte ein
möglichst großer Kreis von Menschen teilnehmen.«
Die Zeit

Schritte über Grenzen

Gesammelte Reden und Aufsätze.
2., erw. Aufl., 26. Tsd. 354 Seiten. Leinen

»Heisenberg legt die Summe eines reichen
wissenschaftlichen Lebens vor. Heisenberg bietet ein
faszinierendes Panorama der Denkprozesse, die
für das Bewußtsein des Menschen heute ausschlaggebend
sind.« Bayerischer Rundfunk